果树高效栽培专家答疑丛书

果树病虫害防控技术专家答疑

李晓军　曲健禄　张　勇
编　著

山东科学技术出版社

图书在版编目(CIP)数据

果树病虫害防控技术专家答疑/李晓军,曲健禄,张勇编著. —济南:山东科学技术出版社,2014(2016. 重印)
(果树高效栽培专家答疑丛书)
ISBN 978-7-5331-7502-3

Ⅰ. ①果… Ⅱ. ①李… ②曲… ③张… Ⅲ. ①果树—病虫害防治—问题解答 Ⅳ. ①S436.6-44

中国版本图书馆 CIP 数据核字(2014)第 129585 号

果树高效栽培专家答疑丛书

果树病虫害防控技术专家答疑

李晓军　曲健禄　张　勇　编著

主管单位:山东出版传媒股份有限公司
出 版 者:山东科学技术出版社
地址:济南市玉函路 16 号
邮编:250002　电话:(0531)82098088
网址:www. lkj. com. cn
电子邮件:sdkj@ sdpress. com. cn
发 行 者:山东科学技术出版社
地址:济南市玉函路 16 号
邮编:250002　电话:(0531)82098071
印 刷 者:山东金坐标印务有限公司
地址:莱芜市赢牟西大街 28 号
邮编:271100　电话:(0634)6276022

开本:850mm×1168mm　1/32
印张:5.75
版次:2014 年 6 月第 1 版　2016 年 1 月第 3 次印刷

ISBN 978 - 7 - 5331 - 7502 - 3
定价:15.00 元

前言

我国果树资源丰富、种类繁多，栽培历史悠久，果树产业在农村经济发展、农民增收和社会主义新农村建设中发挥着重要作用，尤其对经济欠发达地区的经济发展具有不可替代的作用。果品是我国重要的出口农产品之一，也是贸易顺差最大的农产品。此外，果树对生态环境建设也具有积极作用，同时也逐渐发挥出其休闲服务及景观功能。果树产业是兼备经济、社会和生态效益的优势特色产业。

改革开放30多年来，尤其是进入21世纪以来，我国果树产业发展迅速，在世界果树产业中占有举足轻重的地位，对世界果树产业的发展产生了重要影响。其中，果树栽培面积和产量大幅度增加，规模稳居世界第一，树种和品种结构调整及优化布局也渐趋合理。同时，果树产业结构也发生了很大变化，逐步由单一的种植业向产加销一体化的现代产业方向发展。产后加工水平明显提高，形成了一批集果品生产、销售及加工的龙头企业，对推动果树的产业化发展发挥了重要的带头作用。

果树产业属劳动密集型和技术密集型产业，对生产者的技术素质、市场信息和产后服务要求较高，但目前尚存在诸多问题有待解决，如树种、品种区域化布局和产业结构不尽合理，缺乏优良品种和优良砧木，劳动者科技素质偏低且栽培管理水平落后，滥用农药，采收过早，贮藏能力不足，果品总体质量不高，生产成本攀高，总体效益降低等。近年来，果树科技人员和广大果农围绕果树栽培、管理和贮藏等方面提出了大量问题，对这些问题进行系统整理并准确回答，可以帮助广大果农和基层生产管理人员学习新技术、拓展新思路，解决生产中遇到的诸多疑难问题，提高果品的产量和质量，促进果树产业可持续健康发展。

这套《果树高效栽培专家答疑丛书》针对苹果、梨、桃、葡萄等10余个果树品种在生产中存在的常见问题，从主栽品种、栽培区划、花果管理、土肥水管理，到采收与贮藏、病虫害防治等管理技术，由生产实践经验丰富、见解独到的专家一一给予详细的解答。文字精练，观点明确，既讲求技术的先进性，又注重实用性和可操作性，内容深入浅出，语言通俗易懂，力求使广大果农、基层农技推广人员和生产管理人员能读得懂，用得上。

本丛书的出版发行，将对果树高效栽培技术的推广应用发挥指导作用，为促进我国果树产业的可持续发展、提高我国果品在国际市场的竞争力做出有益贡献。

编著者

目录

病虫害

1. 什么叫果树病虫害综合防治？

在果树生产中，会有许多病虫危害果树的根系、枝干、叶片和花果，严重影响果树树体生长发育、结果、产量和品质。因此，需要对这些病虫害进行合理防治。随着科学技术的发展，人类逐渐发现了防治病虫害的新方法，并把它们综合在一起使用，称为有害生物综合治理（IPM）。1967年联合国粮农组织（FAO）在罗马召开的“有害生物综合治理”会议上，提出的IPM定义是“综合治理是对有害生物的一种管理系统，依据有害生物的种群动态及与环境的关系，尽可能协调运用一切适当的技术和方法，将有害生物种群控制在经济危害允许水平之下”。一般条件下，防治果树病虫害的方法有五种，即农业防治、生物防治、物理防治、化学防治、植物检疫。其基本原则是以农业和物理防治为基础，生物防治为核心，根据病虫害的发生规律，科学使用化学防治技术，有效地控制、推迟或减轻病虫危害，把损失控制在经济准许的阈值内。经济准许阈值即权衡有害生物密度引起的经济损失与防治成本，将有害生物密度控制在一定范围内，超出此密度时应采取控制措施。否则，害虫将引起大于这一措施期望代价的期望损失。

2. 什么是农业措施防治病虫害?

农业防治在病虫害防治中是最基本的措施，是病虫害防治的基础。

(1)果树的园地选择与规划、定植：选择土壤通透性好、排灌优良、前茬未种植同类(属)果树的地块建园。提倡高畦栽培，即在垄背栽植果树，以减轻根部病害的发生。按定植标准挖穴、施肥，合理密植，适时定植。

(2)品种、砧木苗木的选择和处理：因地制宜选用抗(耐)病品种，剔除病苗和弱苗，不栽植根瘤苗，以防止危险性病虫害传播蔓延。苗木定植前用根癌灵药剂作蘸根处理，可预防根癌病的发生。从生长良好的母树上取接穗，提倡栽植脱毒苗，预防病毒病。

(3)土肥水管理：①扩穴改土，整地翻耕。每年果树休眠期，可结合施基肥，在定植穴(沟)外挖环状或平行沟，扩穴、翻耕、改土。此措施对害虫的影响主要是：直接将地面与浅土中的病菌和害虫深埋，使其不能出土，或将土中的病菌和害虫翻出地面，使其暴露在不良气候或天敌侵袭之下，直接杀死一部分害虫；可以间接改善土壤的理化性质，调节土壤气候，提高土壤保水保肥的能力，促进作物健壮生长，增强抗病虫的能力，并对病虫的发生产生影响。②中耕。生长季节降雨或灌水后，及时中耕松土除草，以调温保墒。③覆草和埋草。覆盖材料可以用麦秸、麦糠、

玉米秸、干草等，把覆盖物覆盖在树冠下，厚度10～15厘米，上面压少量土，连覆3～4年后浅翻一次。也可结合深翻开大沟埋草，提高土壤肥力和蓄水能力。④施肥以有机肥为主，化肥为辅，以保持或增加土壤肥力及土壤微生物的活性，提高树势，增强抗病性。所施用的肥料不应对果园环境和果实品质产生不良影响，禁止使用未经无公害化处理的城市垃圾或含有金属、橡胶和有害物质的垃圾，未腐熟的人粪尿和未获准登记的肥料产品。

(4)整形修剪和合理负载：加强生长季节的修剪管理，拉枝、开角，及时疏除果树内膛的徒长枝、密生枝和剪锯口处的萌蘖枝等，以增加树冠内的通风透光度。根据品种特性和生长势，注意疏花疏果，以树定产，合理负载，确保树体生长健壮。

(5)果实适时采收：根据果实的成熟度、用途和市场需要综合确定采收适期。成熟期不一致的品种，应分期采收，以减少因果实过度成熟，导致贮藏病害加重所造成的经济损失。

(6)清洁田园，消灭害虫来源：结合修剪去除病虫枝，刮除树干上的翘裂病皮、清除病僵果和枯枝落叶等。

3. 什么是生物防治？

生物防治是指利用生物或其代谢产物控制有害物种种群的发生、繁殖或减轻其危害。一般利用有害生物的寄生性、捕食性和病原性天敌来消灭有害生物，天敌的类群包括天敌昆虫和昆虫病原微生物。天敌昆虫可分为捕食性和寄生性两类，常见的有赤眼蜂科、姬蜂科、茧蜂科、小蜂科、蚜小科和寄生蝇科等；昆虫病原微生物包括细菌、真菌、病毒和原生动物等，细菌包括苏云金杆菌、虫生细菌、拮抗细菌，真菌包括白僵菌、绿僵菌等虫生真菌，病毒包括核角体病毒、质型多角体病毒和颗粒病毒，原生动物包括微孢子虫和线虫。

(1)提供和保护天敌的栖息场所有利于天敌繁衍：天敌昆虫的栖息场所包括越冬、产卵和躲避不良环境条件时的生活场所。多样性的作物布局或提供某些乔木或灌木有利于天敌栖息和越冬，如作物和苜蓿相间种植有利于天敌的保护。

(2)天敌的繁殖和释放：目前，成功繁殖、释放的天敌主要有瓢虫、草蛉、赤眼蜂、丽蚜小蜂、胡瓜钝绥螨等，可到生产单位购买。

(3)微生物杀虫剂的使用：目前我国广泛使用Bt制剂防治鳞翅目幼虫。白僵菌在我国人工繁殖已不成问题，但大田使用药效不稳定，受环境条件影响较大。昆虫病原线虫可以有效防治桃小食心虫和蛴螬。

4.什么是物理防治？

物理防治是指利用各种物理因子(光、电、色、温湿度、风)或器械防治害虫，包括捕杀、诱杀、阻隔、辐照不育技术等。

(1)主枝干涂白可防止冻害，也可根据害虫的生物学特性，树冠主枝束干草，以诱导害虫前来越冬，在害虫出蛰

前集中深埋或烧毁,对消灭越冬山楂红蜘蛛、梨小食心虫等极为有效。

(2)把人工的、天然的、昆虫嗜吃的食物和不利于昆虫生长发育的拒避物等用于害虫防治,如糖醋液诱集梨小食心虫、卷叶虫、地老虎、蝼蛄和蝇类等成虫;马粪诱捕蝼蛄,即在田间挖 0.2 米深、直径 0.3 米的坑,放入新鲜马粪,每天 9:30 前去捕杀;杨柳枝条诱蛾,即将带叶的杨柳枝条在遮阳处放至萎蔫,然后每 3～5 条捆成一把插入田间,可诱集大量夜蛾科成虫,如棉铃虫、黏虫。

(3)利用性诱剂诱杀成虫:当前在果园能够应用昆虫性诱剂的害虫主要有梨小食心虫、李小食心虫、苹小卷叶虫、桃小食心虫、桃潜叶蛾、桃蛀螟等,可在果园大量设置性信息素诱捕器诱杀田间雄蛾,导致田间雌雄比例严重失调,减少其交配概率,使下一代虫口密度大幅度降低。同时,在充满性信息素气味的环境中,雄蛾丧失寻找雌蛾的定向能力,致使田间雌雄蛾间的交配概率减少,从而使下一代虫口密度急骤下降。

(4)水果套袋:水果套袋不仅能改善果实的外观品质,还能阻止病菌侵入和蛀果类害虫的危害,减少果实的农药污染。

(5)黄板或黄盆诱杀:蚜虫、温室白粉虱和斑潜蝇等害虫具有趋黄性,田间每亩悬挂 40～50 张黄板可诱杀这些害虫。

(6)黑光灯和高压汞灯诱杀:利用鳞翅目等昆虫对灯光的趋性,用高压汞灯、频振灯捕杀装置可诱杀害虫(如桃

蛀螟、梨小食心虫、卷叶虫、金龟子、地老虎、蝼蛄和棉铃虫等),降低田间虫口基数。

(7)阻挡害虫迁徙:对在树下部越冬、上树危害的害虫,如山楂叶螨、二斑叶螨、卷叶虫等,可于害虫出蛰前,在树干上涂黏油环进行黏杀。

(8)搭建防虫网、防鸟兽网或防雨棚是防止病虫鸟兽危害最有效的方法。

5. 如何防治苹果轮纹病?

(1)症状:苹果轮纹病主要危害枝干和果实。枝干受害时先以皮孔为中心形成近圆形水浸状褐色小点,后病斑扩大呈青灰色,有瘤状突起,病健交界处发生龟裂,病皮翘起,十分粗糙,故又称粗皮病。果实多于近成熟期和贮藏期发病,先以皮孔为中心生成水浸状褐色小斑点,很快扩大成淡褐色与褐色交替的同心轮纹状病斑,并有茶褐色的黏液溢出。在条件适宜时,几天内即可使全果腐烂,常发出酸腐气味。

(2)发病规律:病原菌在被害枝干上越冬,次年春季病菌首先侵染枝干,然后侵染果实。病菌侵染果实多集中在6~7月,幼果受侵染后不立即发病,处于潜伏状态。当果实近成熟时才发病,果实采收期为田间发病高峰期,果实贮藏期也是该病的主要发生期。果实生长期天气多雨高湿有利于发病,树冠郁闭和树势衰落也有利于发病。苹果品种间的抗病性也有差异,富士、红星、元帅、金冠、青香蕉、印度等品种发病较重,国光、祝光等品种发病较轻。

(3)防治方法:

①清除枝干病瘤。早春发芽前,用福美锌100倍液、45%代森胺(施纳宁)水剂400倍液喷施苹果枝干。发病较重的园片,对病树重刮皮,除掉病组织,刮掉的树皮要集中烧毁或深埋。

②加强栽培管理,提高树体的抗病力。合理密植和整枝修剪,及时中耕锄草,改善果园的通风透光性,降低果园湿度。合理施用氮、磷、钾肥,增施有机肥,增强树势。合理灌溉,注意排水,避免雨季积水。幼树整形修剪时,切忌用病区的枝干作支柱,亦不宜把修剪下来的苹果枝干堆积于园内及附近。田间果实开始发病后,及时摘除病果深埋。

③喷洒药剂。一般从苹果谢花后7～10天(4月下旬)开始喷第一次药,以后每隔15～20天喷洒一次杀菌剂,可选用50%多菌灵可湿性粉剂1 000倍液、大生M-45可湿性粉剂800～1 000倍液、50%轮纹宁600～800倍液、70%甲基托布津可湿性粉剂1 000倍液、波尔多液(1:2:240)、43%戊唑醇2 000倍液等。若幼果期温度低、湿度大,则使用波尔多液易发生果锈,尤其是金冠品种更明显,此时可改用其他杀菌剂。药剂要交替使用,以提高药效和延迟抗药性的产生。

④果实套袋,阻止病菌侵染果实。

⑤准备贮藏与远距离运输的果实,要严格剔除病果及带有伤口的果实,0～2℃贮藏可以充分控制轮纹病的发生。

6. 如何防治危害苹果树枝干的腐烂病?

(1)症状:苹果腐烂病俗称臭皮病、烂皮病、串皮病,是我国北方苹果产区危害严重的病害之一。主要危害主干、主枝和较大的侧枝及辅养枝,致使皮层腐烂,造成树势衰弱、枝干枯死、死树,甚至毁园。苹果腐烂病的症状有溃疡型和枝枯型两类,其中以溃疡型为主。溃疡型病斑多发生在主干、主枝上,发病初期病部表面红褐色、水浸状、略隆起,随后皮层腐烂,常溢出黄褐色汁液,病组织松软,湿腐状,有酒糟味。后期病部失水干缩下陷呈黑褐色,边缘开裂,表面产生许多小黑点。在雨后和潮湿的情况下,小黑点可溢出橘黄色卷须状孢子角(冒黄丝)。枝枯型病斑发生在 2～5 年生的小枝上,病斑不隆起,亦不呈水浸状,而是全枝迅速失水干枯,很快死亡。

(2)发病规律:病菌在病树皮内越冬,早春产生分生孢子,遇雨分生孢子分散,随风周年飞散在果园上空,从皮孔及各种伤口侵入树体,在侵染点潜伏或发病。1 年有 2 个发病高峰期,即 3～4 月和 8～9 月,春季重于秋季。当树势健壮、营养条件好时,发病轻;当树势衰弱,缺肥干旱,结果过多,冻害、日烧及红蜘蛛大发生时,腐烂病大发生。

(3)防治方法:

①培育壮树是防病的根本。合理施肥、灌水,合理负载,适当修剪,保叶促根,避免早期落叶。

②降低果园菌量是控制危害的基础。及时刮除病斑,清除死枝,刨除重病树。苹果萌芽前整树,喷施铲除性杀

菌剂，如福美锌100倍液、45%代森胺（施纳宁）水剂400倍液、石硫合剂50倍液等。

③及时治疗病斑是防止死枝、死树的关键。用刮刀将病斑组织彻底刮除干净并涂药保护，适合保护伤口的药剂有25%丙环唑120～150倍液、45%代森胺50～100倍液、6.5%菌毒清水剂（安腐）50倍液、80%腐必清乳油3～5倍液、2.12%腐殖酸铜水剂5倍液。

④对已经产生大病斑的衰弱树体，在进行病斑治疗的同时，应及时桥接，恢复树势。取1年生嫩枝（国光品种），两端削成马蹄形，插入病斑上下T字形切口的皮下，用小钉钉牢固，涂蜡或包泥，并用塑料薄膜包裹。如果在主干上有大病斑，而且基部有合适的萌条，则可将萌条接于病斑上部的好皮上。如果无合适的萌条可用，可在树周围栽植树苗，成活后进行桥接。

7. 如何防治引起苹果烂果的炭疽病？

(1)症状：苹果炭疽病又称为苦腐病、晚腐病，主要危害果实，也可危害枝条和果台等。果实发病初期，果面出现针头大小的淡褐色小斑点，圆形，边缘清晰；以后病斑逐渐扩大，颜色变成褐色或深褐色，表面略凹陷。由病部纵向剖开，病果肉变褐腐烂，具有苦味。病果肉剖面呈圆锥状（或漏斗状），可烂至果心，与好果肉界限明显。当病斑直径达到1～2厘米时，病斑中心开始出现稍隆起的小粒点（分生孢子盘），常呈同心轮纹状排列。病果上病斑数目不等，少则几个，多则几十个，几个病斑可相互融合而导致全果腐烂。烂果失水后干缩成僵果,脱落或挂在树上。果实近成熟或室温贮藏过程中病斑扩展迅速,往往经 7～8 天果面即烂一半,造成大量烂果。

(2)发病规律:炭疽病病菌在病果、僵果、果台、干枯的病枝条等处越冬,次年春天越冬病菌形成分生孢子,借雨水、昆虫传播,进行初次侵染。果实发病以后产生大量分生孢子进行再次侵染,生长季节不断出现的新病果是病菌反复侵染和病害蔓延的重要来源。病菌自幼果期到成熟期均可侵染果实。在北方地区,一般 7 月开始发病,8 月中下旬之后开始进入发病盛期,采收前达发病高峰。贮藏期如果条件适宜,受侵染的果实仍可发病,高温高湿是炭疽病发生和流行的主要条件。

(3)防治方法:结合苹果轮纹病的防治,在加强栽培管理的基础上进行果实套袋。对于不套袋的果实,重点进行药剂防治,可参见果实轮纹病。除此之外,防治炭疽病还可选用 30％炭疽福美、64％杀毒矾、70％霉奇洁、80％普诺等。

8. 怎么防治引起苹果大量落叶的褐色叶斑病?

(1)症状:这种病害是苹果斑点落叶病中的褐斑病,主要危害叶片,也可危害嫩枝及果实。叶片发病后,首先出现极小的褐色小点,后逐渐扩大为直径 3～6 毫米的病斑,病斑红褐色,边缘为紫褐色,病斑的中心往往有 1 个深色小点或呈同心轮纹状。有的病斑可扩大为不规则形斑,有的病斑则破裂成穿孔。在高温多雨季节病斑扩展迅速,常

使叶片焦枯脱落。内膛的1年生徒长枝容易染病,染病的枝条皮孔突起,以皮孔为中心产生褐色凹陷病斑,多为椭圆形,边缘常开裂。果实受害,多以果点为中心产生近圆形褐色斑点,直径2~5毫米,周围有红晕。幼果和近成熟的果实均可受害发病,出现的症状不完全相同。

(2)发病规律:褐斑病病菌在落叶上、1年生枝的叶芽和花芽以及枝条的病斑上越冬,病菌主要借风雨传播。田间自然发病始见于4月下旬,5月下旬遇雨可形成当年第一个发病高峰,至6月中下旬即可造成严重危害。7月下旬至8月上旬,由于秋梢大量生长,病害发生达到全年的高峰,严重时常出现大量落叶。病害发生的早晚与轻重取决于春秋两次抽梢期间的降雨量以及空气的相对湿度,降雨多、湿度大则发病重。苹果不同品种间的感病程度有明显差异,新红星、红元帅、印度、青香蕉、北斗等易感病,嘎啦、国光、红富士等中度感病,金冠、红玉等发病较轻,乔纳金比较抗病。

(3)防治方法:

①加强栽培管理,注意果园卫生。多施有机肥,增施磷肥和钾肥,避免偏施氮肥,提高树体的抗病能力。合理修剪,特别是7月要及时剪除徒长枝及病梢,改善通风透光条件。合理灌溉,及时排除树底积水,降低果园湿度,这样在一定程度上能减轻病害发生。秋末冬初剪除病枝,清除残枝落叶,集中烧毁,以减少初侵染源。

②药剂防治。于新梢开始抽生和迅速生长期,可喷施50%异菌脲1 000倍液、10%宝丽安1 000~1 500倍液、

25%戊唑醇水乳剂2 000倍液或70%安泰生、80%大生M-45、80%喷克、68.75%易保、78%科博等杀菌剂。为了减少喷药次数，可混合甲基硫菌灵等药剂，将苹果斑点落叶病的防治与轮纹病、炭疽病的防治结合起来。

③生物防治。目前有人将芽孢杆菌用于苹果斑点落叶病的防治，也有人把沤肥浸渍液用于该病的先期预防，均取得了较好的效果。

9. 苹果早期落叶病怎么防治?

(1)症状:苹果早期落叶病主要危害叶片，也可侵染果实和叶柄，一般树冠下部和内膛的叶片、果实最先发病。发病初期，叶片先出现黑褐色小疱疹或针芒状暗褐色病斑，边缘不整齐，病健界限不清晰;后期病叶变黄脱落，但病斑周围仍然保持绿色，病斑表面有黑褐色的针芒状纹线和蝇粪样黑点。由于品种和发病期的不同而表现为三种类型的病斑，一是同心轮纹型，叶片正面的病斑圆形，褐色，初发生时为黄褐色小点，后直径扩大为1.0～2.5厘米，病斑中心为暗褐色，四周黄色，病斑周围仍保持有绿色晕圈，后期病斑表面产生许多小黑点，呈同心轮纹状排列。二是针芒型，病斑呈针芒状向外扩展，边缘不规则，暗褐色或深褐色，散生小黑点;病斑小，数量多，常遍布整个叶片;后期叶片逐渐变黄，病部周围及背部仍保持绿褐色。三是以上两种的混合型，病斑较大，暗褐色，病斑中部呈同心轮纹状，边缘呈放射状向外扩展。叶柄感病后，产生黑褐色长圆形病斑，常常导致叶片枯死。果实发病，在果面上出

现暗褐色斑点，斑点逐渐扩大，形成圆形或椭圆形黑色病斑，表面下陷，斑下果肉褐色干腐，海绵状。

(2)发病规律：病菌在病叶上越冬，第二年春天产生分生孢子，通过风雨传播，直接或从气孔侵染。该病潜伏期短，一般6～12天即可发病。田间一般从5月下旬开始发病，7～9月为发病盛期，严重时9月即可造成大量落叶。冬季潮湿，春雨早、雨量大，夏季阴雨连绵的年份常发病早且重。树冠郁闭、通风不良的果园常发病较重，树冠内膛下部的叶片比外围的上部叶片发病早而且重。

(3)防治方法：

①彻底清园。休眠期及时将落叶、病果清理出园，集中烧毁或深埋。

②加强栽培管理。多施有机肥，增施磷、钾肥及中微量元素肥料，以增强树势，提高树体的抗病能力。合理修剪，提高树体的通风透光条件。合理灌溉，及时排水，降低果园的湿度。

③药剂防治。5月第一次降雨后，结合防治其他病害的同时进行该病的防治。以后每隔10～15天喷药一次，杀菌剂可选用1∶2∶200的波尔多液、68.75％易保水分散粒剂1 000倍液、70％安泰生可湿性粉剂800倍液、75％猛杀生水分散粒剂800倍液、25％戊唑醇水乳剂2 000倍液、80％多·锰锌可湿性粉剂600倍液、70％甲基托布津悬浮剂800倍液等，以上药剂需要交替使用。

10. 套袋苹果果面、萼洼附近的黑点如何防治?

(1)症状:这是果实因套袋而造成其生长的小环境发生改变而产生的一种新病害,为果实套袋黑点病。多在果实萼洼附近发病,果面产生圆形或近圆形黑褐色凹陷斑,病皮下的浅层果肉变褐、坏死,一般无异味。在果实胴部、肩部也可形成绿豆粒大小的褐色凹陷斑,果实采收后病斑不再扩大。一个果实上的黑斑点少则两三个,多者一二十个。

(2)发病规律:套袋苹果黑点病是由真菌引起的。病原菌在枯枝和病果上越冬,其分生孢子主要靠风雨传播,从伤口入侵或直接从皮孔入侵。从苹果套袋后到 9 月,病菌均可侵染果实,6 月下旬开始发病,7 月上旬至 8 月上旬为发病盛期。高温高湿有利于该病发生,不同结果部位、不同质地的果袋发病轻重不同。

(3)防治方法:结合防治轮纹病、炭疽病一起防治,谢花后至套袋前是防治该病害的关键施药时期。比较有效的药剂为 55%氟硅唑·多菌灵可湿性粉剂、50%新灵可湿性粉剂、50%多·锰锌可湿性粉剂、50%多菌灵可湿性粉剂 700 倍液+宝丽安 1 000 倍液、70%甲基托布津可湿性粉剂 800 倍液+50%扑海因 1 000 倍液等。

11. 苹果叶片和新梢上长白粉如何防治?

(1)症状:这是苹果白粉病危害引起的,苹果白粉病主

要危害叶片、新梢，花、幼果和芽也能受害。受害的休眠芽茸毛稀少，呈灰褐色，干瘪尖瘦，鳞片松散，萌发较晚，严重时未萌发即枯死。病芽萌发后生长缓慢，新叶皱缩畸形，淡紫褐色，质硬而脆，叶背有白粉。随着枝叶生长，白粉层蔓延至叶面。从病芽中抽出的新梢，表面布满白粉，节间短而细弱，以后病梢上的大部分叶片干枯脱落，仅在顶端残留几片新叶。受害花器的萼片及花梗畸形，花瓣狭长，黄绿色，不能坐果，受害严重的花芽干枯死亡，不能开放。

(2)发病规律：白粉病病菌主要以菌丝体在芽鳞内越冬，其中顶芽带菌率最高，其下的侧芽依次减少，第四侧芽后的很少带菌。春季叶芽萌动时，越冬菌丝开始活动危害，借助气流传播侵染嫩叶、新梢、花器及幼果。病菌在4～9月均能侵染致病，4～6月为发病盛期。病害在7～8月高温季节受到抑制，8月底再度在秋梢上危害，9月以后逐渐衰退。该病害的发生与气候条件关系密切，春季温暖干旱有利于前期病害的发生和流行，夏季多雨凉爽、秋季晴朗有利于后期发病。苹果品种中倭锦、红玉、柳玉、乔纳金等发病最重，国光、青旭次之，印度、青香蕉、金香蕉、金冠、元帅和红星等发病轻。

(3)防治方法：

①冬季结合修剪，剪除病枝、病芽，以降低带菌率。苹果树发芽前，喷洒3～5波美度石硫合剂，对铲除病芽内的越冬菌丝有一定作用。

②在开花前、落花70%和落花后10天各喷药一次，发病严重时可在破绽期、开花期、落花70%及花后15天左右

各喷药一次，有效药剂为20%三唑酮乳油8 000倍液（不得超过6 000倍）、75%十三吗啉乳油2 600倍液和70%代森锰锌可湿性粉剂700倍液等。

12. 苹果根部的病害怎样防治？

苹果根部病害主要有圆斑根腐病、根朽病、白绢病、白纹羽病、紫纹羽病。

（1）症状：

①圆斑根腐病。此病主要由土壤中的镰刀菌引起，早春病菌在苹果树根部开始活动后，即可在根部危害，地上部的症状要到苹果树萌芽后的4～5月才能表现出来。病株地上部的症状有萎蔫型、叶片青枯型、叶缘焦枯型、枝枯型。病株地下部的症状先从须根开始，病根变褐枯死，后延及上部的肉质根，围绕须根的基部形成一个红褐色的圆斑。此后病斑进一步扩大，并相互融合，深达木质部，致使整个根段变黑死亡。

②根朽病。根朽病病菌可危害苹果、梨、桃、杏、山楂、柳树和榆树等多种果树和树木。病菌主要危害根颈部和主根，并沿主干和主根上下扩展，往往造成环割现象而使病株枯死。病部的主要特点是皮层内、皮层与木质部之间充满白色至淡黄色的扇状菌丝层，病组织具有浓厚的蘑菇气味，带荧光。病株地上部的症状表现为局部枝条上的叶片或全株叶片变小变薄，从上而下逐渐黄化甚至脱落，新梢变短，但结果多，果形变小，味劣。

③白绢病。主要危害仁果类和核果类果树，发病部位

主要为果树或苗木的根颈部，距地表 5～10 厘米处最多。发病初期，根颈表面形成白色菌丝，表皮呈现水浸状褐色病斑。此后菌丝继续生长，直至根颈全部覆盖丝绢状的白色菌丝层。病株地上部的症状是叶片变小发黄，枝条节间缩短，结果多而小，颈基部的皮层腐烂，病斑环绕树干一周后，病株在夏季全株枯死。

④白纹羽病。由真菌引起的病害，6～8 月为发病盛期。根部被害后先是细根霉烂，以后扩展到侧根和主根。病根表面缠绕白色或灰白色的丝网状物，后期霉烂根的柔软组织全部消失，外部的栓皮层套于木质部外面。地上部近土面的根际出现灰白色或灰褐色的薄绒布状物，有时形成小黑点，即病菌的子囊壳，树体逐渐衰弱死亡。

⑤紫纹羽病。地上部分的症状是叶片变小、黄化，枝条各节间缩短，植株生长衰弱，叶柄和中脉发红。根部被害时毛细根先发病，然后逐渐向大根蔓延。病部初期形成黄褐色不定形斑块，外表的色泽较健康者深，内部的皮层组织呈褐色。

(2)发病规律：病原菌都以菌丝及菌索在病根及其周围的土壤中长期存活，其传播扩展主要是由病根与健根接触、病残组织转移、菌索蔓延等造成的。根朽病病菌能产生孢子随气流传播，侵染残桩，病原菌直接从伤口侵入根；紫纹羽先侵害细根，后蔓延到粗根；白纹羽从根表的皮孔侵入，先侵害新根的柔软组织。干旱缺肥、土壤瘠薄、通气透水性差有利于发病，果园潮湿和树势衰弱发病重。

(3)防治方法：

①加强管理。增施肥料，促使果树根系生长旺盛，提高抗病力。适当多施钾肥，果园中可种植豆科植物，以改善土壤性质，提高土壤肥力。及时排除积水，创造不利于病害发生的环境。

②及时防治。当发现树势衰弱、叶片变小或叶色褪黄、枝梢枯萎时，扒开土壤看是否是根系发病。发现病根后彻底清除，并用杀菌剂灌根，即以树干为中心，开挖3～5条放射状沟，大树每株灌药液50～100千克，有效药剂为五氯酚钠、70%甲基硫菌灵、50%退菌特、45%代森铵水剂等。

③发病严重的果树应尽早掘除，病残根全部收集、烧毁，并对土壤消毒。严禁在7～8月高温季节处理病树。

13. 苹果生理性烂根病如何防治?

苹果生理性烂根不是由病原菌引起的，而是由自然条件不适引起的病害，主要有水涝烂根、肥料烂根和冻害烂根。

(1)水涝烂根：

①症状。苹果树发生水涝烂根后，地上部表现为枝条基部的叶片变黄脱落，并逐渐向上发展，不脱落的叶片也变黄且叶缘焦枯；树势衰弱，叶小而薄，常出现各种缺素现象。地下部大部分吸收根变褐死亡，根颈部的木质部也有变褐现象。

②防治方法。对于地势低洼、积水不易排除的苹果

园，雨季要注意排除积水。多雨地区或地下水位较高的果园，可在行间开沟，采用深沟高畦的方法排除积水，防止水涝危害。增施有机肥，以增强树势。

(2)肥料烂根：

①症状。施肥不当可引起苹果树烂根。根吸收过量肥料或直接接触浓度高的肥料后受害，表现为根皮层变黑枯死且下陷，与健皮之间有明显的界线。受害严重时，主根皮层变褐坏死，木质部发黑，小根和须根变成红褐色而死亡。过量的肥料也能经过根颈输送到主干、主枝和梢部，使皮层变黑枯死。一般常在一个主枝上先发现，严重时在 2 个主枝或全树上发生。

②防治方法。基肥要腐熟，如鸡粪、羊粪、牛粪、土杂肥等有机肥，必须经过充分腐熟发酵后，再与一定比例的泥土混合施用，施肥后要及时覆土灌水。施用颗粒状或粉状化肥时，如尿素等，要先把硬块砸碎，再均匀施入。

(3)冻害烂根：

①症状。冻害引起的烂根有 2 种情况，一种是苹果树在越冬期间根部受到冻害而引起，表现为形成层变为浅褐色，皮部容易与木质部分离，主要是近根颈处的根段容易遭受冻害，特别是干旱的沙土地，根部极易受冻烂根；另一种是主干木质部冬季受冻害后，皮部发生纵裂现象，严重时皮层向外翻卷，影响水分输导而引起烂根。二者引起的烂根地上部枝条皆表现为发芽较晚，叶片较小，并常常呈现黄色或缺素症状。

②防治方法。越冬前对根部进行培土防寒，如在苹果

幼树树干北侧培月牙形土埂，高度以 20 厘米为宜，翌年早春土壤化冻时逐步扒开土埂。晚秋和早春对树干进行涂白，以防止树干因昼夜温差太大而引起日灼和冻害。加强苹果园的综合管理技术，增强树势，克服过量结果和大小年结果，提高树体的抗寒能力。如在苹果树生长后期，即夏末秋初控制氮肥量、灌水，注意多施磷、钾肥和配方施肥，忌树下间作后期需水多的作物，促使新梢在越冬前停止生长，以增加树体内的营养贮藏，增强其抗冻能力。入冬前树干上绑附草把或缠裹塑料条。

14. 苹果小叶病如何防治?

苹果小叶病多发生于新梢，症状表现为病枝发芽较晚，病梢节间极短，叶片异常狭小、簇生，黄绿色或脉间黄绿色，叶片不平展；后期病枝可能枯死，在枯死的下端可能另发新枝；病树花芽显著减少，花小，不易坐果，果实小而畸形；病树根系发育不良，老病树根系有腐烂现象。

发生小叶病的原因有以下几种情况：

(1)缺锌：这是果园发生小叶病比较普遍的原因，当果园中土壤有效锌的含量低于 0.5 毫克/千克时，通常会引发不同程度的小叶病。

防治方法：于发芽前 15～20 天枝干喷 3%～5%的硫酸锌溶液，每 5～7 天喷一遍，连续喷 2～3 次；生长季节喷施杀菌剂，推广使用 70%丙森锌可湿性粉剂 700 倍液或锌铜波尔多液，且将主干及根颈部喷湿，可显著减少小叶病的发生。另有试验证明，秋季采收后喷施硫酸锌防治苹果

树小叶病效果显著。每年春、秋两季，结合果园深翻或扩穴深翻施入腐熟的厩肥、堆肥等有机肥，并掺入硫酸锌，一般大树每株施有机肥 50 千克、硫酸锌 0.2～0.5 千克。施用后第 2 年见效，轻度缺乏时可 3 年使用一次；严重缺乏时最好隔年使用，连续使用 2 次以后，再维持 3 年使用一次。

沙地或盐碱地除补给锌肥外，还应注意改良土壤。对盐碱地、黏重的土壤，采取起垄、果园覆草及客土改良等方法降低 pH，增加活土层的厚度，释放被固定的锌元素；对沙质地果园，应采取增施有机肥或行间种植绿肥作物、减少灌水次数及少施化肥等方法，增加土壤有机质的含量，减少锌盐的流失。

(2)修剪不当：果树局部枝条发生小叶病，有时是因为修剪过重造成该枝条伤口过多，营养供给受阻。

防治方法：修剪以轻剪为主，对患有小叶病的树或大枝应尽量不疏枝，以免造成伤口，削弱长势，导致小叶病更加严重，应多短截，促其生长。对后部的强枝、大枝进行重剪，削弱长势。骨干延长枝头若患有小叶病，应将患有小叶病的枝全部剪掉。

(3)真菌病害：腐烂病、干腐病发生严重的部位由于营养输导困难，也常发生小叶病。因此，要加强腐烂病、干腐病的防治，避免造成局部大的坏死斑。

(4)除草剂药害：有些小叶病是由喷洒草甘膦引起的，因此草甘膦很容易破坏树体内酶的结构和生长素的合成，所以由此引起的小叶病叶片更窄、更小，严重时叶片呈针状。

防治方法：对喷洒草甘膦引起的小叶病，应注意在喷洒完草甘膦后及时冲洗喷雾管和器械，防止误喷果树。对已经造成危害的果树，可喷 15 毫克/千克赤霉素溶液挽救。

15. 苹果黄叶病如何防治?

（1）症状：苹果黄叶病是由于植物组织内缺铁而引起的生理性病害，其症状是先从果树新梢的顶端嫩叶开始变黄，越往枝节下端，老叶黄化现象越轻。轻微缺铁时，叶肉变黄，叶脉两侧仍保持绿色，叶片呈绿色网纹状；缺铁严重时，叶片失绿加重，变成黄白色，并在失绿部分出现锈褐色枯斑或叶缘变焦枯，引起落叶。

黄叶病的轻重与土质有关，沙壤土栽植的果树发病轻，而盐碱地或土壤内含石灰质过高时黄叶病发生严重。黄叶病的轻重与砧木也有关，一般海棠作砧木的苹果树黄叶病发生较轻，山定子作砧木的树黄叶病发生较重。

（2）防治方法：

①加强栽培管理。果园间作豆科植物、增施有机肥、改良土壤、促进铁元素的溶解和果树根系的吸收为防止发生黄叶病的根本措施。

②增施铁肥。果树萌芽前或秋后结合施基肥进行，将粉碎的硫酸亚铁与腐熟的优质有机肥按 1 份硫酸亚铁、5～20 份有机肥料的比例混合均匀（若有机肥料中含水量少，则加水使其含水量达 50%左右）。沿树冠外围挖环状

沟，一般沟宽 50 厘米左右，深 50 厘米左右。将混合好的有机铁肥均匀地施入沟内根系周围，覆土后浇水。每株施硫酸亚铁 3～4 千克。

③硫酸亚铁灌根。在两次新梢旺长前，将 5%硫酸亚铁加 5%尿素溶液浇灌于土壤中（加入尿素有助于铁的运转、吸收）。大树每平方米树冠浇灌 1.0～1.5 千克水溶液，一般距树干 1.0～1.2 米，分 4 个以上坑均匀浇于树冠下后覆土。

④叶面喷施铁肥。配制含 0.25%硫酸亚铁、0.05%柠檬酸、0.1%尿素的复合铁肥，于 4 月下旬至 5 月上旬上午 10 时以前和下午 15 时以后进行施肥，用高压喷雾器喷布，雾点要细，均匀周到。

⑤其他补铁方法，如树干注射法、树干挂瓶引注法、根系输液法等快速补铁方法，效果较快。但由于一般果农较难掌握，仅限有经验的果农使用。

16. 苹果花叶病如何防治？

（1）症状：苹果花叶病是由病毒引起的一种叶片失绿症状，田间表现容易与缺铁引起的黄叶病混淆。苹果花叶病主要表现在叶片上，形成各种类型的鲜黄色或白色病斑。因病情轻重不同，症状变化较大，大致有 5 种类型：①斑驳型。花叶病中出现最早、最普遍的一种症状类型，叶片上的病斑形状不规则，大小不一，呈鲜黄色，边缘清晰，有时数个病斑融合在一起成为大斑块。②花叶型。病斑不规则，病叶上出现大块的深绿色或浅绿色病斑，边缘不清晰。③条斑型。病叶的叶脉失绿黄化，并延及附近的叶肉组织。有时仅主脉和支脉发生黄化，其他部分为绿色；有时主脉、支脉、小脉都呈现较窄的黄化，使整个叶呈网纹状，病叶发生较晚。④环斑型。在叶片上出现鲜黄色环状或近环状斑纹，环状斑纹内仍为绿色。⑤镶边型。病叶的边缘发生黄化，在叶边缘形成一条很窄的黄色镶边，病叶的其他部分完全正常。在自然条件下，各种类型的症状多在同一病树上混合发生。感病树体生长缓慢，病树提早落叶，果实味淡，产量降低，不耐贮藏。

(2)发病规律：苹果花叶病是由植物病毒侵染引起的。苹果树感染花叶病毒后，全树都带有病毒，并不断增殖，终生危害。此病主要靠嫁接传染，也可通过修剪、菟丝子、苹果蚜虫、木虱、线虫等方式传毒。病树早春萌芽不久即出现病叶，4～5月发展迅速，其后减慢；7～8月病害基本停止发展。病树抽发秋梢后，症状又重新发展，10月急剧减缓。

(3)防治方法：

①选用脱毒苗木。建园时选用脱毒苗木，接穗一定要从无病毒的树上剪取。砧木选取用种子繁殖的实生苗，避免使用根蘖苗，尤其是病株的根蘖苗。

②拔除病株。对丧失结果能力的重病树和未结果的幼病树，应及时刨除，并对土壤进行消毒，以防病毒传播到周围树上。

③加强树体管理。对病株加强土肥水管理，以增强树势，提高树体的抗病能力。管理果园时，要避免剪、锯等工

具在使用过程中传毒，并及时防治蚜虫等传毒昆虫。

④药剂防治。发病初期可喷洒盐酸吗啉胍·乙酸铜或1.5%植病灵乳剂1 000倍液，或壳聚糖500倍液，每10～15天喷一次，连喷2～3次。中科2号、中科6号及20%毒克星对苹果花叶病也有很好的防效。

17. 苹果叶片上长了锈斑怎么办?

(1)症状：苹果叶片上的锈斑是由苹果锈病引起的，此病主要危害叶片，也能危害叶柄、新梢和幼果。叶片受害时，初期叶片正面产生黄绿色小斑点，后期逐渐扩大形成圆形病斑，呈橘黄色，边缘红色，直径5～10毫米。严重时，一片叶子上有几十个病斑，1～2周后病斑表面密生黄色小粒点，并分泌带有光泽的黏液。黏液干后，小粒点逐渐变为黑色，病斑背面隆起，并长出许多黄褐色毛状物(锈子器)，状似山羊胡子。叶柄染病后，病部呈橙黄色，膨大隆起呈纺锤形，其上着生锈子器。幼果发病多在萼洼附近，形成圆形橙黄色病斑，直径10～20毫米，后期病斑变为褐色，锈子器长在病斑周围，病果生长停滞，病部坚硬。

(2)发病规律：苹果锈病病菌每年仅侵染一次。该病菌在桧柏上以菌丝体在菌瘿中越冬，第2年春季形成褐色冬孢子角，遇雨或空气极度潮湿时即膨大。冬孢子萌发产生大量小孢子，随风传播到苹果树上，侵染苹果叶片、新梢和果实等部位，产生锈斑。近年来，城乡道路两旁不断进行绿化、新建苗圃不断兴起，桧柏、刺柏等寄主植物的数量不断增加，给苹果锈病的发生创造了良好条件。苹果锈病

的发生与流行也和气候条件关系密切，春雨多、气温适宜时发病重。

(3)防治方法：

①移除果园周围的桧柏。将果园周边5千米内的桧柏、刺柏全部移除，今后绿化树种不应选择桧柏、刺柏。

②药剂防治。防治苹果锈病，要及时进行桧柏、刺柏树的药剂防治和苹果树落花后的喷药预防。结合清园，在苹果树发芽前喷布3～5波美度石硫合剂一次。在苹果树嫩叶上刚开始出现锈病病斑时，立即喷洒15%粉锈宁可湿性粉剂1 000倍液、43%戊唑醇3 000～4 000倍液、10%苯醚甲环唑1 500倍液或12.5%腈菌唑乳油1 000倍液，隔10～15天喷一次，连续喷2～3次即可控制发病。

18. 苹果果心霉变腐烂如何防治?

(1)症状：苹果果心霉变腐烂多是由苹果霉心病引起的，苹果霉心病又称为霉腐病、心腐病，主要危害果实。果实受害后，初期症状不明显，较难识别，幼果受害严重时出现早期落果现象。接近成熟时，有的病果偶尔可见果面发黄，或者着色较早，提前落果。发病严重的果实明显畸形，也偶见果面有粉红色的霉状物。贮藏期内，果心霉烂发展更快，病果果面可见水浸状、褐色、不规则的湿腐状斑块，斑块可连成片，以致全果腐烂，果肉味极苦。

(2)发病规律：苹果霉心病是由多种真菌复合侵染引起的。病菌主要在树上的僵果、病枯枝及落叶中越冬，翌年春天产生分生孢子，靠气流传播侵染。病菌通过花和果

实的萼筒进入心室扩展蔓延或潜伏,自花期开始到果实生长期都可侵染,其中花期侵染率最高。从幼果至果实成熟均可发病。

(3)影响霉心病发生的因素:①地形。苹果霉心病多发生在丘陵地果园,地势低洼、土壤湿度大的地方发病重。②栽培技术。留枝多、树体郁闭、通风透光不良、果园管理粗放、有机肥少、矿物质营养不均衡或树势衰弱时,苹果霉心病发生严重。③气候因素。花期前后降雨早、雨量大、次数多且持续低温,自初花期到谢花后15～30天高湿度的气候条件易造成苹果霉心病病菌快速繁殖、大量传播,而且明显推迟花期,延缓萼口封闭的时间,有利于病菌大量侵入。④苹果品种间的抗病性有差异。北斗、王林、红星等容易发病,秦冠、国光、祝光等较抗病,金冠、富士属于中度感病品种。⑤果实套袋易加重霉心病的发生。套袋后袋内高温、高湿、闭光的小气候环境有利于霉心病病菌繁殖与侵入。

(4)防治方法:

①选择抗病品种。在易发生霉心病的地块选种抗病品种,如国光、祝光、富士。

②清除病源。苹果采摘后清除果园内的病果、病叶、病枝、杂草,刮除病皮,并带出果园集中处理。

③科学管理。增施有机肥,增强树势,提高抗病性。合理灌水,及时排涝,保证适宜的土壤水分,防止地面长期潮湿。科学修剪,建造合理的树体结构,保证果园通风透光良好。

④药剂防治。苹果发芽前或花芽萌动期用3～5波美度石硫合剂喷洒枝干。在初花前或落花末期各喷药一次，药剂选用多效灵800倍液、叶宝绿2号1 000倍液、10%多氧霉素可湿性粉剂1 000倍液、50%扑海因可湿性粉剂1 500倍液、70%代森锰锌可湿性粉剂500倍液或25%戊唑醇水乳剂2 000倍液等。

19. 苹果日烧病的防治方法有哪些？

(1)症状：苹果日烧病也叫日灼病，是由于烈日直接照射而使果树枝干或果实局部组织坏死的一种生理病害，常发生在果树枝干及果实上，其中果实受害最明显。苹果日烧病分夏季发生和冬春发生，夏季发生是因为水分不足而影响蒸腾，不能合理调节树体的温度，使枝干的皮层和果实过度受太阳直射。枝干受害时果树皮出现变色、斑点，最后局部干枯坏死。果实初发病时，果面局部出现红褐色斑点，表皮变为浅白色；随阳光的持续照射，果皮及附近的细胞呈深褐色坏死，形成近圆形或不规则形坏死斑。日灼部位易被腐生菌感染而使病斑逐渐扩大，使果实失去商品价值。树冠西南方向的果实发病最重，这与午间太阳在西南方的强烈照射有关。

(2)发生原因：日烧病是由温度和光照两方面的因素综合作用造成的，导致发病的原因还有：①高温干旱。5月下旬套袋时，如遇高温干旱，则袋内温度高，幼果易因不适应环境而发生日灼现象。②果园管理粗放。树体营养不足，叶片窄小且薄，缺乏对外界不良气候的抵御能力。

③环剥过重。树势衰弱的树环剥后更加衰弱，日烧现象发生严重。修剪过重时，枝叶少，果实没有叶片遮阳，导致发生日灼。④与果袋的种类、质量有关。套塑膜袋的比纸袋发病重，套单层纸袋的比双层纸袋发病重，套质量差的纸袋较质量好的纸袋发病重。另外，操作时没有吹开果袋，果袋紧贴于果面上时，日灼率明显升高。

(3)防治方法：

①加强管理，增强树势。在生长季节满足树体对水分和营养的需求，施肥以农家肥为主，合理配方施肥。严格进行疏花疏果，控制负载量。防治引起落叶的病虫害，增加营养积累，增强树势，这是防治日灼病的根本措施。正确运用环剥等缓和树势的措施，在环剥时，视品种、树势、地力区别对待；对愈合能力差的元帅系，剥口不易过宽，要留安全带；弱树严禁环剥，以免弱树更弱，加重日灼现象。

②合理浇水。套袋前和干旱时及时浇水，保持土壤湿润，改善小气候条件，减轻日灼现象。

③科学套袋。套袋前要选好袋的种类，要避免高温期套袋，上午套树体西南方向的果实，下午套东北方向的果实，晴天中午气温超过25℃时停止套袋。阳面选用质量好的苹果专用纸袋，忌套塑膜袋。套袋时要注意鼓起果袋，使果实处于袋的中间。

④注意留果方位。要合理负载，若当年花果量够用，则尽量选留母枝两侧的果实，阳面尤其是西南方向不留无枝叶遮阳的果实。盛果期要按枝果比或叶果比严格控制负载量。

⑤树盘覆草。树盘覆草可减少土壤水分蒸发，保持土壤湿润，减轻日灼现象。

⑥冬季果树枝干发生日灼较重的果园，初冬用涂白剂涂刷主干和大枝中下部。有灌水条件的果园，上冻前要灌足封冻水。

20. 苹果缺钙可引起哪几种病害？

苹果树体缺钙，往往导致果实发生水心病、苦痘病、红玉斑点病、痘斑病、裂果等多种生理性病害，套袋苹果发生缺钙时症状更加严重。

(1)症状：

①苹果水心病。病果外表与正常果无多大差别，只在果皮上出现水浸状斑点(块)或在果心出现水浸状病变。多发生于果心周围，呈水浸半透明状，味甘甜，常温下贮藏易腐烂。

②苹果苦痘病。在果实接近成熟和贮藏运输期间易发病，发病多从果实腰部和下部开始，初期皮下果肉出现病变，后期逐渐在果面上出现圆形稍凹陷的变色病斑(黄色果上的病斑呈浓绿色，红色果上的病斑呈暗红色)。从病部切开病果，可见果皮下5～10毫米深的果肉出现直径2～5毫米的海绵状褐点，病部果肉逐渐干缩，表皮坏死，呈现凹陷的褐斑。病组织稍有苦味。

③红玉斑点病。在果实近成熟和储藏期间发病，果实以皮孔为中心形成直径1～9毫米的褐色圆形坏死斑点，边缘清晰，稍凹陷。

④苹果痘斑病。发病较早，在果实萼洼处较多，严重时扩展到果面。以果点为中心，在果面上出现疏密不均、1～2毫米大小的褐色小痘斑，凹陷不明显。另外，缺钙的果实细胞壁厚且弹性差，易造成后期降雨或灌水时裂果。由于缺钙，果实硬度降低，易发绵变软，不耐贮藏。

⑤根系症状。苹果树体缺钙首先表现在根系上，根系生长受到显著抑制，根短而多，灰黄色，幼根根尖停止生长，严重时根尖局部腐烂，幼根逐渐死亡，在死根附近又长出许多新根，形成粗短且多分支的根群，即"扫帚根"。

⑥枝叶缺钙症状。新梢生长到6～30厘米就停止生长，顶部幼叶边缘或中脉处出现淡绿或棕黄色褪绿斑，经2～3天变成棕褐色或绿褐色焦枯状，有时叶尖及叶缘向下卷曲皱缩，叶中脉有坏死斑点。缺钙严重时，枝条尖端及嫩叶似火烧状坏死，并迅速向下发展，使小枝完全死亡。整个树体枝叶生长缓慢，枝条节间较短，树体相对矮小。

(2)缺钙的原因：苹果树缺钙往往不是由土壤缺钙造成的，而是由土壤中各种阳离子的相互作用及植物体内钙的吸收和运输等生理作用失调而造成的。①钙在树体内移动慢，不能满足树体和果树快速生长的需要。②土壤中交换性钙不足，没有及时施肥补充。③过度施用氮肥，导致营养比例失调。④幼果套袋后，影响果实对钙的吸收利用。⑤旱涝等不良天气因素影响树体对钙的吸收和利用。

(3)防治方法：

①增施有机肥，改良土壤酸性环境，提高土壤中交换

性钙的含量。一般使用石灰粉进行调酸，其使用量最好通过土壤化验分析确定，一般每亩施石灰粉 50～80 千克，并注意适当配合镁肥、硼肥。

②平衡施肥，促进根系生长。施入含有各种微量元素的肥料，即全元素肥料，从而提高土壤中各种元素的供应水平，促进果树健壮生长。

③追肥补钙。在 3 月根系出现第一次生长高峰前期，每亩追施硝酸钙 20～25 千克。缺钙较重的果园，生长季节应适时叶面补钙，可在谢花后 3～5 周、8 月中旬、脱袋后这 3 个阶段喷 1 500 倍液的果蔬钙、300 倍液的氨基酸钙或 0.2%～0.3%的氯化钙等，每个阶段喷 1～2 次，可起到明显的补钙效果。

④采后处理。苹果采收后入库前，对缺钙重的园片的果实用 3%～4%的倍氨基酸钙溶液喷果或浸果，防止贮藏期间出现缺钙症状。

21. 苹果裂果的预防措施有哪些？

(1)原因：导致苹果裂果的原因很多，裂果症状各异，一般容易从果实药害、日灼、病虫危害等部位发生开裂。可从果实侧面纵裂，也可从萼部或梗洼、萼洼处向果实侧面延伸开裂。产生裂果的主要原因如下：

①品种差异。国光、富士、嘎啦等品种裂果较重。另外，与果实梗洼部的发育有关，多数裂果由果柄处开始产生。由于雨后梗洼部易存水，在强光的照射下，水温上升，水分蒸发，梗洼处的果皮受高温、干燥的影响，组织受损而

开裂。

②水分因素。前期干旱，后期降雨量越大，裂果发生率越高。因为降雨多或灌溉，会突然供给果实大量水分，果肉细胞迅速胀大，而果皮膨胀速度慢，从而导致裂果。接近成熟期更加严重。

③土壤和地势因素。土壤黏性大、排水不良时裂果发生率高，平原地比山坡地发生重。

(2)防治方法：

①加强管理、增强树势。良好的树体结构及健壮的树势有利于雨后水分散失，可减少果实吸收外界水分的时间。同时，有利于稳定果实发育的小环境，防止皱裂、裂果的发生。

②行间低洼的栽培模式。在果实生长后期行间铺塑料布，维持适宜稳定的土壤水分状况，避免土壤水分剧烈变化。

③合理灌溉。有条件的地方可喷灌、滴灌、涌泉灌，旱地果园推广穴贮肥水技术，以保持土壤湿度，防止久旱逢雨后温湿度急剧变化而诱发果实皱裂。开发节水灌溉技术，使果实生长后期土壤水分处于充足而稳定的状态，不使果皮细胞生长停止过早。

④叶面喷水。花后遇到高温干旱的天气时，可在傍晚向叶面喷水，直到叶面滴水为止。在喷水时向水中加入1%的磷酸二氢钾或氨基酸钙溶液效果更好。

⑤喷洒药剂。在第一、二次果实膨大期喷施1 500倍的果蔬钙肥或2%的氨基酸钙水溶液或防裂素(傍晚喷效

果好),近成熟期喷3.4%赤·吲乙·芸可湿性粉剂7 500倍液,对防止裂果有一定效果。

22. 苹果锈果病如何防治?

(1)症状:苹果锈果病是由植物病毒引起的,该病的症状主要出现在果实上。典型症状有2种,即锈果型和花脸型。①锈果型。发病初期在果实顶部产生淡绿色水浸状病斑,后期逐渐沿果实纵向扩展,形成5条木栓化的铁锈色条斑,条斑长短因病势轻重或品种不同而异。②花脸型。果实着色前无明显变化,着色后果实散生许多近圆形黄白色斑块,致使红色品种成熟后果面散生白斑或呈红黄相间的花脸状。病果着色部分稍凸起,病斑部分稍凹陷。病果变小,品质变劣。有时病果表面出现既有锈斑又有花脸的复合症状。

(2)防治方法:参照苹果花叶病的防治方法。

23. 苹果药害症状及预防补救措施有哪些?

(1)症状:生产上,由于农药使用不当,常发生药害,不同部位表现的症状不同。苹果芽部发生药害时,主要表现为果树发芽推迟,不能正常发芽,严重时部分芽变黑枯死。叶部药害主要表现为叶面出现圆形或不规则形红色药斑,严重时全叶焦枯脱落,这种药害较常见。果实药害使果面出现铁锈色或变成“花脸”。枝干药害是从地面沿树干向上树体韧皮部变褐,严重的延伸到2～3年生枝,此种药害

比较少见。

(2)造成药害的原因如下:

①施用假冒农药。目前市场上存在部分假冒伪劣产品,购买时一定注意采购大厂出品的名牌产品。

②农药使用过量。每种农药都有规定的使用剂量,很多果农任意加大用量或计算错误,导致施用剂量过大产生药害。

③农药混用。有些果农将各种农药盲目乱配,不仅增加了防治成本,而且容易造成药害。

④天气影响。喷波尔多液后,药液未干遇大雨、连阴天气或气温过高等容易出现烧叶。

⑤施药时间不当。花期、幼果期幼嫩部位长势弱时耐药性差,此时用药极易引起药害。施药间隔期过短也易产生药害。

(3)预防补救措施:

①冲洗法。产生药害后应立即喷水2～3次冲洗受害植株,以稀释和洗掉黏附于叶面和枝干上的农药。同时,对果园地表漫灌1～2次流动水,降低树体内农药的相对浓度。

②中和法。药害造成叶片白化时,可用50%腐殖酸钠(先用少量的水溶解)3 000倍液进行叶面喷雾。波尔多液中的铜离子产生的药害,可喷0.5%～1.0%的石灰水溶液;石硫合剂产生的药害,在清水喷洗的基础上,再喷洒米醋400～500倍液可减轻药害;使用乐果不当而引起的药害,可喷施硼砂200倍液1～2次;如果药害由酸性农药造

成，可用适量草木灰或0.5%～1.0%的生石灰、洗衣粉溶液、肥皂水等中和化解。药害过重则用1%的漂白粉溶液叶面喷施。如果发生退菌特药害，则喷0.2%的硫酸锌溶液。果树发生药害后，也可立即喷洒强氧化剂高锰酸钾7 000倍液，对一些化学农药具有氧化分解作用。

③加强管理，及时追肥。果树遭受药害后，叶面喷施0.3%尿素加0.2%磷酸二氢钾混合液，每隔15天左右一次，连喷2～3次，促使受害果树尽快恢复长势。对碱性农药引起的药害，可追施硫酸铵等酸性化肥。加强果园管理，及时松土灌水，使根系吸收足够的水分和氧气，以缓解药害。

④逆向补救法，如多效唑、PBO造成的药害可用赤霉素缓解。

⑤局部去除法。在防治天牛、吉丁虫等蛀干害虫时，因用药浓度过高而引起的药害，可立即自虫孔处向树体注入清水，直至向外流，以缓解药害。

24. 怎么防治危害苹果新梢的黄色蚜虫？

危害苹果新梢的黄色蚜虫叫绣线菊蚜，俗称苹果黄蚜。该蚜虫以深墨绿色的卵在芽旁和芽腋处越冬，少数在芽鳞和短果枝的皱痕处越冬。苹果萌芽期，越冬卵开始孵化。初孵若虫先集中在新芽露绿部位取食危害，苹果展叶后即成群集中在嫩叶和新梢上刺吸汁液，影响新梢生长。在春季发芽抽新梢时对苹果危害最重。当蚜量大时还刺吸危害幼果，影响果实膨大和果面光洁度。

防治方法：①主要在发芽前和春梢期喷药防治，芽萌动期在树上喷洒机油乳剂50倍液＋4.5％高效氯氰菊酯乳油2 000倍液或机油乳剂50倍液＋5％吡虫啉乳油2 000倍液。②新梢生长期，树上喷洒10％吡虫啉可湿性粉剂4 000倍液或3％啶虫脒乳油2 000倍液，或者喷洒功夫菊酯或20％甲氰菊酯乳油2 000倍液。喷药时一定要喷洒均匀，使所有叶片和嫩芽着药，这样才能使防治效果好。

25. 引起苹果卷叶的蚜虫怎么防治？

引起苹果卷叶的蚜虫是苹果瘤蚜，又名卷叶蚜虫。苹果瘤蚜通常危害新梢，被害叶由两侧向背面纵卷，有时卷成绳状，叶片皱缩，瘤蚜潜藏在卷叶内危害，从叶片外表看不到瘤蚜。该蚜虫以黑色卵在芽旁和芽腋处越冬，发生特点类似于苹果黄蚜，所以在苹果发芽前后喷药防治。萌芽期喷洒的药剂同苹果黄蚜，抽梢后则最好喷洒具有内吸性的杀虫剂，如吡虫啉和啶虫脒，喷药浓度同苹果黄蚜，两种蚜虫可以一起防治。

26. 如何防治苹果绵蚜？

苹果绵蚜是一种检疫性害虫，它分泌的蜡质物覆盖在紫色的蚜虫体表。该虫除危害苹果外，还危害海棠、花红、沙果、山荆子等。该蚜虫刺吸危害苹果根系、主干、枝条、叶柄、果实，同时分泌体外消化液和白色绵毛，刺激果树受害部组织增生，形成肿瘤，影响营养物质的输送。侧根受害形成肿瘤后，不再产生须根，并逐渐腐烂。受害严重时树势衰弱，产量降低，以致全树枯死。苹果绵蚜在苹果树的树皮下、伤疤裂缝、剪锯口和根部分蘖处越冬。春季4月上中旬开始活动，6～7月是危害盛期，7～8月受高温和寄主的影响，蚜虫数量大减，秋季还有一次小高峰。

防治方法：①早春苹果树发芽前彻底刮除老树皮、剪除虫枝，集中烧毁，树上喷洒48%毒死蜱乳油1 500倍液或5%啶虫脒乳油1 000～2 000倍液。对于危害根部的绵蚜，用吡虫啉或毒死蜱500倍液灌根。②生物防治。人工繁殖释放苹果蚜小蜂、瓢虫、草蛉等天敌防治绵蚜。③对于目前未发现苹果绵蚜的地区，严格禁止从苹果绵蚜发生区调运苹果、海棠、山荆子等苗木，也不可调运接穗和果实。对从外地调入的苗木或接穗，应用48%乐斯本乳油500倍液浸泡3分钟消毒处理后再栽植或嫁接。

27. 危害苹果叶片的红蜘蛛怎么防治？

危害苹果的红蜘蛛有2种，即山楂红蜘蛛（山楂叶螨）和苹果红蜘蛛（苹果全爪螨）。两种红蜘蛛的雌成螨均为红色，其中山楂红蜘蛛产下的卵为黄白色，寄主比较广，可危害苹果、山楂、梨、桃、杏、樱桃、李、海棠等多种果树和园林树木，以鲜红色的雌成螨在树皮裂缝中越冬，主要在叶片背面聚集危害，吐丝结网；苹果红蜘蛛产下的卵为红色，主要危害苹果、梨、沙果、海棠等果树，以红色卵在一年生枝条上越冬，在叶片正、反面分散危害，无吐丝结网习性。

二者均一年发生多代，以成螨、幼若螨刺吸危害苹果叶片，造成叶片失绿变黄，影响叶片光合作用。它们喜高温干旱的环境，适宜的温度是 25～28℃，相对湿度是 40%～70%。因此，高温干旱是红蜘蛛严重发生的有利条件。山东一般 6～7 月（麦收前后）为全年发生高峰期，夏季降雨湿度提高，红蜘蛛自然死亡率高。

防治方法：①休眠季节彻底清除树干粗皮、老翘皮，并集中烧毁。②8 月下旬于树干上束草把或废果袋诱集山楂叶螨，翌年早春解冻前取下草把（纸袋）烧毁。③在红蜘蛛发生初期，释放塔六点蓟马、小黑花蝽、捕食螨、异色瓢虫、草蛉等天敌。④花芽萌动初期，用 5 波美度石硫合剂或机油乳剂 50 倍液喷洒枝干。谢花后，喷施长效杀螨剂，可使用 20%螨死净悬浮剂 3 000 倍液、5%尼索朗乳油 1 500 倍液或 24%螺螨酯悬浮剂 4 000 倍液。成螨大量发生期，叶面喷洒 15%哒螨酮灵乳油 3 000 倍液，或 5%霸螨灵（唑螨酯）3 000 倍液，或 20%三唑锡悬浮剂 1 500 倍液，或 1.8%阿维菌素乳油 4 000 倍液等。由于杀螨剂大多数是触杀作用，喷药时一定要均匀喷洒叶片正反面，以达到良好的防治效果。

28. 危害苹果叶片的白蜘蛛怎么防治?

相对于红蜘蛛，果农习惯把白色的叶螨称为白蜘蛛。其实，白蜘蛛的学名叫二斑叶螨，也叫二点叶螨，因在成螨的背部有 2 个黑色斑点而得名，其卵为黄白色圆球形。该螨以橘红色的雌成螨在苹果树老翘皮下，树下杂草、土壤内越冬，春季苹果发芽时上树产卵危害，危害的特点类似于山楂叶螨。

防治方法：与红蜘蛛相同，但是哒螨灵对白蜘蛛的防效差，不易使用该杀螨剂防治白蜘蛛，而阿维菌素、三唑锡、螺螨酯对该螨的防治效果好。

29. 在苹果树上潜叶危害的金纹细蛾如何防治？

目前生产上，潜入苹果叶片内危害的主要是金纹细蛾，老百姓喜欢称其为苹果潜叶蛾。该虫一年发生 4～5 代，以蛹在被害的落叶内越冬。春季越冬蛹羽化，成虫产卵于幼嫩叶片的背面，黄色幼虫孵化后潜入叶内取食叶肉，使叶片形成椭圆形的虫斑，叶背面表皮皱缩，叶片正面呈现黄绿色网眼状的虫斑。幼虫老熟后即在斑内化蛹，春季发生较轻，进入秋季后逐渐严重。

防治方法：①果树落叶后至第二年春季发芽前，清除果园内的落叶，集中烧毁或深埋，可消灭大量越冬蛹。②喷药防治的关键时期是各代成虫的发生盛期，其中在第 1 代成虫盛发期喷药防治的效果优于后期防治。有效药剂为 25%灭幼脲 3 号悬浮剂 2 000～3 000 倍液、1.8%阿维菌素乳油 4 000 倍液，还有 20%氟铃脲乳油 6 000～8 000 倍液、40%毒死蜱乳油 1 000 倍液、30%氯虫苯甲酰胺水分散粒剂 8 000 倍液。③在田间悬挂金纹细蛾性诱芯诱杀成虫，能预报成虫发生的时间。

30. 钻入苹果内危害的食心虫怎么防治?

钻入苹果内危害的主要是桃小食心虫,简称“桃小”,又名桃蛀果蛾,俗称“钻心虫”,此虫还可危害枣、梨、桃、山楂等。老熟幼虫粉红色,在苹果内蛀食果肉,被害果内充满虫粪,呈“豆沙馅”状,果实提前变红、脱落。1年发生1～3代,以老熟幼虫在土中结扁圆形丝茧越冬。5月中旬幼虫开始破茧出土,6月上中旬为发生盛期。6月下旬至7月上旬为越冬代成虫发生盛期,8月上中旬为第1代成虫发生期。成虫产红色卵于苹果花萼处,孵化出的幼虫直接蛀入果实危害。因此,卵期是树上喷药防治的关键时期,幼虫钻入果实内就很难防治。

防治方法:①越冬幼虫出土期,在树冠下的地面上喷洒昆虫病原线虫泰山1号、白僵菌或辛硫磷微胶囊剂药液。②成虫盛发期,树上喷洒2.5%溴氰菊酯乳油3 000倍液,或30%氯虫苯甲酰胺水分散粒剂8 000倍液,或2.5%功夫乳油3 000倍液,或20%杀灭菊酯乳油2 500倍液。③6月中旬,田间悬挂桃小食心虫性诱芯诱杀成虫,并能测报成虫发生的时间,指导树上喷药。

31. 钻蛀苹果枝干的虫子怎么防治?

钻蛀苹果枝干的害虫主要是天牛,这种天牛还喜欢危害桑树,所以称为桑天牛。桑天牛成虫黑褐色,密生暗黄色细绒毛;触角鞭状,鞘翅基部密生黑瘤突,肩角有1个黑

刺;卵长椭圆形,稍弯曲,乳白色或黄白色。在苹果上2年发生1代,以乳白色幼虫在树干的蛀道内越冬,5月底6月初化蛹,6月中旬至8月中旬成虫羽化。成虫有假死性,产卵前在枝干皮层处先咬一个"U"形刻槽,在刻槽内产1粒卵。初孵化的幼虫先在韧皮部与木质部之间向上蛀食,然后蛀入木质部转向下蛀食,每隔一定距离咬一圆形排粪孔,并排出木屑状虫粪。

防治方法:①7～8月用小尖刀刺入或用石块敲打产卵伤口,将卵杀死,这是一种简便有效的方法。②幼虫发生初期经常检查枝干,发现新鲜虫粪时,用小刀挖开皮层杀死幼虫。发现被害枝条及时剪除,集中烧毁。③将磷化锌毒签、磷化铝片塞入最下面的2～3个排粪孔,其余排粪孔用泥土堵死。或用注射器把50%敌敌畏乳油20倍液注入排粪孔内,然后用泥巴堵塞孔口。

32. 苹小卷叶蛾怎么防治?

苹小卷叶蛾又名棉褐带卷蛾、远东苹果小卷叶蛾、茶小卷叶蛾、舔皮虫,该虫在我国分布很广,主要危害苹果、桃、李、杏、海棠、樱桃、柑橘等果树,茶树受害也较重。成虫体长6～8毫米,黄褐色,前翅上有两条浓褐色斜纹,其中一条自前缘向后缘达到翅中央时明显加宽。卵扁椭圆形,淡黄色半透明,数十粒排成鱼鳞状卵块。老龄幼虫翠绿色,体长13～15毫米,虫体细长,头部淡黄褐色。幼虫危害叶片、果实,通过吐丝结网将叶片连在一起,造成卷叶或贴叶,还常在叶与果、果与果相贴处啃食果皮。卵期和

初孵幼虫期是树上喷药防治的关键时期。

防治方法:①在越冬幼虫出蛰前后及第一代初孵幼虫阶段,喷洒生物农药 Bt 乳剂(100 亿个芽孢/毫升)1 000 倍液。以后各代卵孵化盛期至卷叶以前,选用 2.5%功夫乳油 3 000 倍液+1.8%阿维菌素 5 000 倍液,或 25%灭幼脲悬浮剂 2 500 倍液,或 1.8%阿维菌素乳油 4 000 倍液进行喷雾。②苹果谢花后,田间悬挂苹小卷叶蛾性诱芯诱杀成虫,并能测报成虫发生的时间。③在各代卵期,田间释放赤眼蜂,以寄生卵块。

33. 苹果顶梢卷叶蛾怎么防治?

危害苹果枝条顶梢并造成卷叶的害虫主要是顶梢卷叶蛾,它除了危害苹果外,还可以危害海棠、沙果、山荆子、榛子、梨。幼虫体长 8~11 毫米,污白色,头部和前胸背板暗棕黑色。1 年发生 2~3 代,以 2~3 龄幼虫在顶梢卷叶团内结虫苞越冬。苹果树萌芽时幼虫出蛰危害嫩叶,常食顶芽生长点,抑制新梢生长。幼虫吐丝将数片嫩叶缠成虫苞,并啃下叶背绒毛做成筒巢。幼虫潜藏在巢内,仅在取食时身体露出巢外。顶梢卷叶团干枯后不脱落。

防治方法:①结合冬季修剪,看到顶梢有枯死的叶苞一律剪除,并集中烧毁或深埋。在生长季节,看到顶梢卷成一团时,用手捏死苞内的幼虫。②对于虫口密度大的果园,于越冬代幼虫产卵盛期和幼虫孵化盛期喷药,选用药剂同苹小卷叶蛾。③各代成虫发生期用性诱剂诱杀成虫。

34. 刺吸危害苹果的蝽象怎么识别与防治?

危害苹果的蝽象主要有3种,即绿盲蝽、茶翅蝽(臭大姐)和黄斑蝽(麻皮蝽)。绿盲蝽成虫全身鲜绿色,体长5毫米,前翅半透明;茶翅蝽成虫茶褐色,体长15毫米,前胸背板前缘横列4个黄褐色小点,背部有黄色细碎花纹,卵短圆筒形,20～30粒排成一块;黄斑蝽成虫灰黑色,体长18～25毫米,体表具有黄色斑,头背至小盾板基部有1条黄色纵线,腹部有臭腺。三者主要刺吸危害果实,苹果被害后果面形成凹陷的虫斑,严重者成疙瘩状畸形果。

防治方法:①果实套袋。套袋是减少蝽象危害的有效措施,果袋要根据品种特性采用大型袋,防止蝽象隔袋刺吸危害。②人工捕杀。在入蛰前的9月上旬,制造人工越冬场所诱捕黄斑蝽和茶翅蝽,或在出蛰前人工捕捉成虫。③药剂防治。在苹果套袋前的幼果期连续用药3次,用2.5%敌杀死乳油1 500倍液或2.5%功夫菊酯乳油2 000倍液喷雾,可在短时间内杀死蝽象。

35. 棉铃虫危害苹果果实怎么办?

棉铃虫是一种世界性害虫,它食性杂,寄主广,可危害棉花、玉米、大豆、番茄、辣椒、苹果、枣等多种植物。棉铃虫幼虫喜食苹果幼果,多造成烂果或落果;大果浅表层受害,被害果实有1～3个蛀孔,雨季常腐烂。棉铃虫一年发生4代,以蛹在树根周围的土壤内越冬。第2年4月中下

旬成虫开始羽化,5月上中旬为羽化盛期。5月中下旬幼虫危害幼果,6月中旬是第1代成虫发生盛期。

防治方法:①成虫昼伏夜出,具有强趋光性,可采用黑光灯诱杀成虫。②在第1～2代卵孵化盛期及2龄幼虫未蛀果前喷药防治,药剂选用2.5%功夫乳油2 000～3 000倍液或2.5%敌杀死乳油2 000倍液,一周内连续喷洒2次。

36. 苹果树上的毛虫如何防治?

危害苹果树的常见毛虫是舟形毛虫和天幕毛虫。舟形毛虫又名苹果天社蛾、苹掌舟蛾,老熟幼虫体长50毫米左右,头黄色,有光泽,胸部背面紫黑色,腹面紫红色,身上有黄白色的毛。静止时头、胸和尾部上举如舟,故称为"舟形毛虫",可危害多种果树与绿化树木,以幼虫群聚危害苹果叶片,严重时可吃光叶片。1年发生1代,8月上旬幼虫孵化,初孵幼虫群集叶背啃食叶肉,长大后虫体分散危害,白天不活动,早晚取食,常把整枝、整树的叶子蚕食光,仅留叶柄。幼虫受惊有吐丝下垂的习性。

防治方法:①灯光诱杀成虫。由于成虫具有强烈的趋光性,可在7、8月成虫羽化期设置黑光灯诱杀成虫。②人工灭虫。利用初孵幼虫的群集性和受惊吐丝下垂的习性,摘除虫叶、虫枝,摇动树冠,杀死落地幼虫。③喷药防治。8月上中旬低龄幼虫期,发现虫情后树上喷洒2.5%功夫乳油或4.5%高效氯氰菊酯乳油2 000～3 000倍液,或20%灭幼脲悬浮剂2 000倍液。

因为天幕毛虫吐出的丝织成的茧很像帐篷,所以称其为天幕毛虫。雌成虫体长约 20 毫米,棕黄色,触角锯齿状。老熟幼虫体长 50～55 毫米,暗青色或蓝黑色,两侧各有两条橙黄色条纹,腹部各节背面有数个黑色毛瘤。卵圆筒形,灰白色,数百粒密集成卵块。1 年发生 1 代,成虫产卵于 1 年生的小枝上,以小幼虫在卵壳内越冬。春季苹果树发芽时,幼虫钻出卵壳危害嫩叶,以后转移到枝杈处吐丝结网,1～4 龄幼虫白天群集在网幕中,晚间出来取食叶片,5 龄幼虫离开网幕分散到全树暴食叶片,5 月中下旬老熟幼虫陆续钻入杂草丛中结茧化蛹。

防治方法:①冬剪时,发现小枝上的卵块及时剪掉,并集中烧毁,或用剪刀破坏。②春季幼虫在树上结的网幕容易发现,及时摘除网幕,捕杀幼虫。③幼虫期喷药防治,选用 2.5%功夫或敌杀死乳油 2 000 倍液。

37. 引起苹果枝条顶梢干枯的虫子如何防治?

目前危害苹果枝梢并造成顶梢干枯的主要有 2 种害虫,即黑蚱蝉和梨小食心虫,但它们的发生特点和危害症状有很大区别,所以采取的防治措施也不同。

(1)黑蚱蝉俗名知了、知了猴、麻肚了,可危害多种果树、林木。成虫体长 45 毫米左右,黑色有光泽,翅透明,翅基部黑色,翅脉黄褐色。卵近梭形,长 2.5 毫米,乳白色。雌成虫于 7～8 月在当年生的枝梢上刺穴产卵,造成斜线状裂口,导致上部枝梢干枯死亡,死亡梢比较长。

防治方法:对于该虫的防治,主要采用人工防治。

①秋季剪除枯梢，冬季结合修剪，彻底剪除产卵枝条，集中烧毁。②黄褐色的老熟若虫出土期，在树干下部绑一道宽的胶带，拦截出土上树羽化的若虫，傍晚或清晨捕捉消灭。③成虫发生期，于晚间在树行间点火，摇动树干，诱使成虫扑火自焚。

(2)梨小食心虫又名东方蛀果蛾、桃折心虫，简称“梨小”，俗称“打梢虫”，以幼虫钻蛀危害苹果新梢，嫩梢受害后很快枯萎，幼虫就转移到另一嫩梢上危害，每个幼虫可食害3～4个新梢。在山东1年发生4代，5～9月均可在果树上危害新梢，7月开始危害果实。

防治方法：①4～8月在田间使用梨小食心虫性诱剂诱杀成虫。②喷药防治应在成虫产卵期和幼虫孵化期，药剂可选用20％氰戊菊酯乳油2 500倍液，或25％灭幼脲悬浮剂2 500倍液，或2.5％高效氯氟氰菊酯乳油1 500～3 000倍液，或35％氯虫苯甲酰胺水分散粒剂8 000倍液。

38. 危害苹果树的介壳虫怎么防治？

危害苹果树的介壳虫主要是朝鲜球坚蚧，又名杏球坚蚧、桃球坚蚧。该虫的雌成虫呈半球形，直径3.0～4.5毫米，初期黄褐色，后期红褐色至黑褐色，略有光泽，表面有2列粗大的凹点。1年发生1代，以2龄若虫在1～2年生枝条的裂缝和叶痕处越冬。发芽后若虫取食嫩芽，虫体膨大形成介壳。4月下旬至5月上旬成虫产卵于介壳下。5月中下旬若虫孵化后开始出壳，若虫粉红色，沿枝条和叶面活动，5月下旬至6月上旬为若虫盛期，也是药剂防治的有利时期。以后若虫固定在叶片上危害并分泌白色蜡质，防治效果降低。

防治方法：①在萌芽前，树上喷洒机油乳剂 50 倍液＋40％毒死蜱乳油 800 倍液。②幼若虫发生期（谢花后小幼果期）喷洒 20％毒啶乳油 1 500 倍液，或 3％啶虫脒乳油 2 000 倍液，或 4.5％高效氯氰菊酯乳油 1 500 倍液。7 天左右喷一次，连喷 2 次即可。

39. 梨树枝干腐烂病如何防治？

（1）症状：梨腐烂病又名臭皮病，是梨树重要的枝干病害，主要危害树干、主枝和侧枝，使感病部位的树皮腐烂。发病初期病部肿起，水浸状，呈红褐色至褐色，常有酒糟味，用手压有汁液流出；后渐凹陷变干，产生黑色小点，树皮随后开裂。一年有春季、秋季两个发病高峰期，春季是病菌侵染和病斑扩展最快的时期，秋季次之。各种导致树势衰弱的因素，例如立地条件不好或土壤管理差而造成根系生长不良，施肥不足、干旱，结果过多或大小年现象严重，病虫害、冻害严重，修剪不良或过重以及大伤口太多等，都可诱发腐烂病。水肥管理得当、树势旺盛的树发病轻。

（2）防治方法：

①加强土肥水管理，防止树体发生冻害和日烧，合理负载，增强树势，提高树体的抗病能力。秋季树干涂白可防治冻害。

②春季发芽前，全树喷一遍 2％农抗 120 水剂 100～

200 倍液或 5 波美度石硫合剂，以铲除树体上的越冬病菌。

③早春和晚秋，发现病斑立即刮治，病斑应刮净，或者用刀顺病斑纵向划，间隔 5 毫米左右，然后涂抹 843 康复剂原液或 5%安素菌毒清 100～200 倍液、2%农抗 120 水剂或腐必清 10～30 倍液，以防止复发。另外，随时剪除病枝并烧毁，减少病原菌的数量。

40. 梨黑星病怎么防治?

(1)症状：梨黑星病主要危害果实、果梗、叶片、嫩梢、叶柄、芽和花等部位。在叶片上最初表现为近圆形或不规则形淡黄色病斑，一般叶脉的病斑较长。随病情发展，首先在叶背面的病斑上长出黑色霉层，发生严重时许多病斑连成一片，使整个叶背布满黑霉，造成早期落叶。在新梢上从基部开始形成病斑，初期褐色，随病斑扩大，病斑上产生黑色霉层，病疤凹陷、龟裂，发生严重时可导致新梢枯死。在果实上最初为黄色近圆形病斑，病斑大小不等，病健部界限清晰。随病斑扩大，病斑凹陷并在其上形成黑色霉层。处于发育期的果实发病，因病部组织木栓化而在果实上形成龟裂的疮痂，从而造成果实畸形。

(2)发病规律：春季由病芽抽生的新梢、花器官先发病，成为感染中心，靠风雨传播给附近的叶片、果实等。梨黑星病病菌一年中可以多次侵染，高温、多湿是发病的有利条件。华北地区 4 月下旬开始发病，7～8 月是发病盛期。另外，树冠郁闭、通风透光不良、树势衰弱、地势低洼的梨园发病严重。中国梨(鸭梨、雪花梨)最感病，日本梨

(丰水梨)次之,西洋巴梨较抗病。

(3)防治方法:

①套袋保护果实,阻挡病菌侵染。

②合理修剪,改善通风透光条件。注意增施有机肥和微肥,避免偏施氮肥造成枝条徒长。

③梨黑星病高发地区,注意选择抗病品种栽植。剪除病梢,从新梢开始生长就寻找并及时剪除发病新梢,上年发病重的区域和单株更要注意。

④药剂防治。结合降雨情况,从发病初期开始,每隔10～15天喷洒一次杀菌剂。常用药剂有1:2:240(硫酸铜:生石灰:水)波尔多液、50%多菌灵600～800倍液、70%甲基托布津800倍液、40%福星乳剂4 000～5 000倍液、80%代森锰锌800倍液、12.5%烯唑醇可湿性粉剂2 000倍液等。波尔多液与其他杀菌剂交替使用效果更好。

41. 如何防治危害果实的梨轮纹病?

(1)症状:梨轮纹病又名粗皮病,病菌可侵染枝干、果实和叶片。在枝干上通常以皮孔为中心形成深褐色病斑,单个病斑圆形,直径5～15毫米。初期病斑略隆起,后边缘下陷,从病健交界处裂开,呈粗皮状。在果实上一般近成熟期发病,以皮孔为中心,先出现水浸状褐色圆斑点,后病斑逐渐扩大呈深褐色,并表现出明显的同心轮纹,病果很快腐烂。

(2)发病规律:梨轮纹病在枝干和果实上有潜伏侵染的特性,尤其在果实上很多都是早期侵染,成熟期发病,其

潜伏期的长短主要受果实发育和温度的影响。发生与降雨有关，一般落花后每降一次雨，便有一次侵染高峰；也与树势有关，一般管理粗放、树体生长势弱的树发病重。

(3)防治方法：

①加强栽培管理，增强树势，提高抗病能力。彻底清理梨园，春季刮除粗皮，集中烧毁，消灭病原菌。

②铲除初侵染源。春季发芽前刮除病瘤，全树喷洒5%安素菌毒清100～200倍液或40%福星乳剂2 000～3 000倍液。

③及时喷药，保护果实。生长季节于谢花后每半月左右喷一次杀菌剂，常用杀菌剂为50%多菌灵600～800倍液、70%甲基托布津800倍液、40%福星乳剂4 000～5 000倍液、80%代森锰锌800倍液等，并与石灰倍量式波尔多液交替使用。

④套袋保护果实，可与防治梨黑星病同时进行。

42. 梨白粉病如何防治？

(1)症状：梨白粉病主要危害老叶，先在树冠下部的老叶上发生，再向上蔓延。7月开始发病，秋季为发病盛期。最初在叶背面产生圆形白色霉点，后继续扩展成不规则的白色粉状霉斑，严重时布满整个叶片。白粉病病菌通过雨水传播侵入梨叶，病叶上产生的分生孢子进行再侵染，秋季进入发病盛期。密植梨园、通风不畅、排水不良或偏施氮肥的梨树容易发病。

(2)防治方法:

①秋后彻底清扫落叶,并进行土壤耕翻,合理施肥,发芽前喷一次3~5波美度石硫合剂。

②加强栽培管理,增施有机肥,防止偏施氮肥,合理修剪,使树冠通风透光。

③药剂防治。发病前或发病初期喷药防治,药剂可选用15%三唑酮乳油1 500~2 000倍液或12.5%腈菌唑乳油2 500倍液。

43. 梨锈病如何防治?

(1)症状:梨锈病又名赤星病,各产区普遍发生。该病害可危害叶片、果实、叶柄和果柄。侵染叶片后,在叶片正面出现橙色近圆形病斑,病斑略凹陷,斑上密生黄色针头状小点;叶背面的病斑略突起,后期长出黄褐色毛状物,状似山羊胡须。果实和果柄上的症状与叶背的症状相似,幼果发病能造成果实畸形、早落。

(2)发病规律:该病菌在桧柏类树木上越冬,春天形成冬孢子角,冬孢子角在梨树发芽展叶期吸水膨胀,萌发产生担孢子,担孢子随风传播到梨树上侵染。桧柏类植物的多少和远近是影响梨锈病发生的重要因素。在梨树发芽展叶期,多雨有利于冬孢子角吸水膨胀和冬孢子萌发、担孢子形成,风向和风力有利于担孢子传播时,梨锈病发生严重。白梨和砂梨系的品种都不同程度地感病,洋梨较抗病。

(3)防治方法:

①彻底铲除梨园周围5 000米以内的桧柏类植物是防治梨锈病的最根本方法。对不能砍除的桧柏类植物,要在春季冬孢子萌发前及时剪除病枝并烧毁,或喷一次石硫合剂或五氯酚钠,消灭桧柏上的病原。

②喷药保护。梨树从萌芽至展叶后25天内喷药保护,一般萌芽期喷洒第一次药剂,以后每10天左右喷洒一次。早期药剂使用65%代森锌400～600倍液,花后用20%三唑酮1 500倍液或12.5%腈菌唑可湿性粉剂2 000～3 000倍液,可兼治梨白粉病。

44. 洋梨树枝干上的干枯病如何防治?

(1)症状:此病一般危害主干和主枝,首先在枝组的基部出现红褐色病斑,随后病斑干枯凹陷,从病健交界处裂开,病斑也形成纵裂,最后枝组枯死,枝上的花、叶、果也随之萎蔫并干枯。病菌从伤口侵入,也能直接侵染梨芽。秋子梨和洋梨系品种发生重,白梨系品种发病较轻,生长势衰弱的树发病较重。

(2)防治方法:

①加强栽培管理,增强树势。加强树体保护,减少伤口。修剪后的大伤口要及时涂抹油漆或动物油,以防止伤口水分散发过快而影响愈合。

②从幼树期开始,坚持每年树干涂白,防止冻伤和日灼。每年发芽前喷石硫合剂,生长期喷施杀菌剂时要注意全树各枝上均匀着药。

45. 梨树新梢叶片黄化如何防治?

(1)症状:这是由梨树缺铁引起的生理性病害,又称缺铁性黄叶病。从新梢叶片开始发病,叶色由淡绿色变成黄色,仅叶脉保持绿色,严重发生时整个叶片呈黄白色,在叶缘形成坏死斑。发病枝条细弱,节间延长,腋芽不充实,最终造成树势下降。发病枝条由于发育不充实,抗寒性和萌芽率降低。梨树从幼苗到成龄的各个阶段都可发生。

(2)防治方法:

①改土施肥。在盐碱地定植梨树,除大坑定植外,还应进行改土施肥。方法是从定植的当年开始,每年秋天挖沟,将好土和杂草、树叶、秸秆等加上适量的碳酸氢铵和过磷酸钙混合后回填。第一年改良株间的土壤,第二年沿行间从一侧开沟,第三年改造另一侧。

②平衡施肥,尤其要注意增施磷钾肥、有机肥、微肥,特别是含铁的肥料效果好。

③叶面喷施 300 倍的硫酸亚铁溶液,根据黄化程度,每隔 7～10 天喷一次,连喷 2～3 次。也可根据历年黄化发生的程度,重病树发芽前喷施 80～100 倍的硫酸亚铁溶液。

46. 梨缩果病如何防治?

(1)症状:梨缩果病是由缺硼引发的一种生理性病害,缩果病在偏碱性土壤的梨园和地区发生较重。另外,硼元

素的吸收与土壤湿度有关，过湿和过干都影响梨树对硼元素的吸收。因此，在干旱贫瘠的山坡地和低洼易涝地更容易发生缩果病。不同品种对缺硼的耐受能力不同，缩果症状差异也很大。在鸭梨上，严重发生的单株自幼果期就显现症状，果实上形成数个凹陷病斑，严重影响果实发育，最终形成猴头果。中轻度发生的不影响果实正常膨大，在果实生长后期出现数个深绿色凹陷斑，最终导致果实表面凹凸不平。在砂梨和秋子梨的某些品种上凹陷斑变成褐色，斑下组织变褐木栓化，甚至病斑龟裂。

(2)防治方法：

①适当的肥水管理。干旱年份注意及时浇水，低洼易涝地注意及时排涝，维持适宜的土壤水分状况，保证梨树正常生长发育。

②叶面喷硼肥。对有缺硼症状的单株和园片，从幼果期开始，每隔 7～10 天喷施一次 300 倍的硼砂溶液，连喷 2～3 次，一般能收到较好的防治效果。也可以结合春季施肥，根据植株大小和缺硼发生的程度，单株根施 100～150 克硼砂。

47. 梨褐斑病如何防治？

(1)症状：梨褐斑病主要危害叶片，发病初期在叶片上出现单个圆形病斑，严重发生时多个病斑相连成不规则形，褐色边缘清晰，后从病斑中心起变成灰色，边缘褐色，严重发生能造成提前落叶。

(2)发病规律：发病程度与降雨的多少和持续时间有

关,5～7 月阴雨潮湿有利于发病。一般在 6 月中旬前后初显症状,7～8 月进入盛发期。地势低洼潮湿的梨园发病重,修剪不当、通风透光不良和交叉郁闭严重的梨园发病重,在品种上白梨系的雪花梨发病最重。

(3)防治方法:

①强化果园卫生管理。冬季集中清理落叶,烧毁或深埋,以减少越冬病原。

②加强肥水管理,合理修剪,避免郁蔽,低洼果园注意及时排涝。

③适时喷药保护。一般在雨季来临之前,结合轮纹病和黑星病的防治喷洒杀菌剂。药剂可选用 1:2:200 的波尔多液,或 25%戊唑醇乳剂 2 000 倍液,或 70%甲基托布津可湿性粉剂 800 倍液,或 50%异菌脲 1 500 倍液,或 80%代森锰锌可湿性粉剂 800 倍液。

48. 套袋梨果黑点病怎么防治?

(1)症状:黑点病主要发生在套袋梨果的萼洼处及果柄附近,黑点米粒大小到绿豆粒大小不等,常常几个连在一起,形成大的黑褐色病斑,中间略凹陷。黑点病仅发生在果实的表皮,不引起果肉溃烂,贮藏期也不扩展和蔓延。

(2)发病规律:该病是由粉红聚端孢和细交链孢菌侵染引起的。该病菌喜欢高温高湿的环境,梨果套袋后袋内湿度大,特别是果柄附近、萼洼处容易积水,加上果肉细嫩,容易引起病菌侵染。雨水多的年份黑点病发生严重,通风条件差、土壤湿度大、排水不良的果园以及果袋通透

性差的果园，黑点病发生较重。

(3)防治技术：

①选园套袋。选取建园标准高、地势平整、排灌设施完善、土壤肥沃且通透性好、树势强壮、树形合理的稀植大冠形梨园实施套袋。

②选用优质袋。应选择防水、隔热和透气性能好的优质复色梨袋，不用通透性差的塑膜袋或单色劣质梨袋。

③合理修剪。冬、夏修剪时，疏除交叉重叠的枝条，回缩过密冗长的枝条，调整树体结构，改善梨园群体和个体的光照条件，保证树冠内通风透光良好。

④选择树冠外围的梨果套袋，尽量减少内膛梨果的套袋量。操作时，要使梨袋充分膨胀，避免纸袋紧贴果面。卡口时，可用棉球或剥掉外包纸的香烟过滤嘴包裹果柄，严密封堵袋口，防止病菌、害虫或雨水侵入。

⑤结合秋季深耕，增施有机肥，控制氮肥用量。土壤黏重的梨园，可进行掺沙改土。7～8月，降雨量大时，注意及时排水和中耕散墒，降低梨园湿度。

⑥套袋前均匀喷洒药剂。喷药时选用优质高效的安全剂型，如代森锰锌、易保、氟硅唑、进口甲基托布津、烯唑醇、多抗霉素、吡虫啉、阿维菌素等，并注意选用雾化程度高的药械均匀喷洒，使所有果实全部着药，待药液完全干后再套袋。

49. 如何防止果实日烧和蜡害?

高温干旱地区套袋果易发生日烧和蜡害现象，如涂蜡纸袋在强日光的照射下，纸袋内外的温差在5～10℃的范围内，袋内最高温度可达55℃以上，内袋出现蜡化，灼烧幼果表面，表现为褐色烫伤，最后变成黑膏药状，幼果干缩。应根据当地的气候条件，适当推迟套袋时间，预计在套袋后15天内不会出现高温天气时进行。套袋后及除袋前梨园浇一遍透水可有效防止日烧及蜡害的发生，有日烧现象发生时应立即在田间灌水或树体喷水。

50. 如何防止产生水锈和虎皮果?

易生水锈的梨品种（如雪花梨）或降雨量大的地区套袋果易生水锈和产生虎皮果，如雪花梨在高温高湿等的刺激下果皮蜡质层和角质层被破坏，皮层裸露木栓化，形成浅褐色至深褐色的虎皮果。高温高湿同时具备是发生水锈和虎皮果的基本条件，因此应选择透气性良好的纸袋，套袋时应选取树体通风透光良好部位的果实套袋，同时保持梨园整体枝叶稀疏，通风透光良好。

51. 梨果实贮藏期的病害有哪几种？怎样防治?

贮藏病害主要是指在贮藏和运输过程中发生的果实病害，除潜伏侵染的轮纹病、褐腐病病果在贮藏期间继续发病腐烂以外，还有灰霉腐烂、青霉腐烂、红粉腐烂，这三种腐烂病仅在贮藏期间发生，是造成贮藏期间烂果的重要病原菌。尤其是在贮藏条件不当、贮藏期过长时，更易大量发生，造成很大的经济损失。采运过程中的机械伤口、

病虫危害后形成的伤口等都是腐生真菌侵入的通道。果实装箱后长距离运输、果实相互挤压碰撞形成伤口、病健果直接接触传染等易造成运输途中“烂箱”。

防治方法：①严格采收管理。在采收、分级、包装、装卸、运输的各个环节都要进行严格管理，最大限度地减少伤口。②入库前对冷库进行全面彻底的清理，清除各种霉变杂物，喷施杀菌剂或施放硫磺烟剂进行消毒处理。③在果实装箱前进行浸药处理，装箱后尽快入库，贮藏期间定期抽样检查，及时发现病果并清除。

52. 如何防治梨木虱？

(1)发病规律：梨木虱又叫梨虱子，成虫体长约 2.5 毫米，黄绿色至黄色。若虫扁椭圆形，老龄若虫绿色，翅芽突出在两侧。以成虫、若虫刺吸梨树芽、嫩梢、叶片中的汁液，并分泌蜡质和黏液污染叶片和果实，诱发煤污病而影响果面外观。叶片受害后产生褐色枯斑，严重时全叶变褐、蜷缩，引起早期落叶。该虫在山东 1 年发生 4～6 代，以成虫在树皮缝、落叶、杂草内越冬。次年春季，梨树萌芽时成虫出来上树危害嫩芽，4 月上旬为产卵盛期，卵产在叶片上，4 月下旬至 5 月上旬为卵孵化期，此时为喷药防治梨木虱的关键时期。5～6 月为全年发生高峰期。

(2)防治方法：

①在梨树休眠季节，彻底清扫梨园内的落叶、杂草，集中深埋或投入沼气池，以消灭其中潜藏的越冬成虫。

②在梨树萌芽期，树上喷洒机油乳剂 50 倍液＋4.5％

高效氯氰菊酯乳油 1 000 倍液。

③梨树谢花后，梨木虱初孵若虫期，树上喷洒吡虫啉、阿维菌素、高效氯氰菊酯药液，在药液中添加少量洗衣粉能提高杀虫效果。

53. 危害梨树新梢的蚜虫如何防治?

危害梨树新梢的蚜虫主要是梨二叉蚜，该蚜虫体色为绿色、黄绿色，以成、若蚜群集刺吸危害梨树芽、叶、嫩梢，受害严重的叶片由两侧向中间纵卷成圆筒状。该蚜虫1 年发生 20 余代，以黑色卵在梨芽附近的果台、枝杈缝隙内越冬。梨芽萌动时，越冬卵孵化，幼虫爬到露绿的嫩芽上取食，展叶后聚集危害嫩叶。

防治这种蚜虫，要防早、治少，以便在卷叶前控制住。因此，可与防治梨木虱一起喷药，做到一次喷药防治多种害虫，适宜的杀虫剂是吡虫啉、高效氯氰菊酯、啶虫脒。

54. 套袋梨果产生的黄粉蚜如何防治?

(1)发生规律:梨黄粉蚜又叫梨黄粉虫，虫体很小，鲜黄色，聚集在一起似粉末状，且只危害梨，故因此得名。黄粉蚜以成虫和若虫在果实上危害，受害处产生黄斑并稍下陷，最后变为褐色斑，严重时果实腐烂。后期黄粉蚜在果实胴体部危害，常造成果实龟裂，降低梨果品质。黄粉蚜1 年发生 10 余代，以卵在树皮裂缝或枝干上的残附物内越冬。次年梨树开花时越冬卵孵化，若虫先在嫩皮处取食危

害，以后转移至果实萼洼处危害，并继续产卵繁殖。黄粉蚜喜阴忌光，多在背阴处栖息危害。套袋果由于袋内湿度大、温度高，药剂喷洒不进去，一旦黄粉蚜进入袋内，便很容易滋生繁殖，所以受害严重。

(2)防治方法：

①春季刮除树干上的老翘皮，清除树上的绑缚物，集中处理，以消灭越冬卵。

②药剂防治。梨树发芽前喷洒99%机油乳剂80～100倍液。疏果后先彻底喷一遍10%吡虫啉可湿性粉剂3 000～4 000倍液或20%氰戊菊酯乳油2 000倍液，也可以是吡虫啉与菊酯类的混合杀虫剂。喷药后立即给果实套袋，袋口扎严，对防治梨黄粉蚜有显著效果。

③果实套袋后，应每隔7～10天认真检查袋内的梨果，如发现少量梨黄粉蚜入袋，立即用具有一定熏蒸作用的48%毒死蜱乳油1 000倍液或80%敌敌畏400～800倍液喷药防治，一定要将果袋喷湿。若袋内梨黄粉蚜量大，须将果袋脱掉后喷10%吡虫啉2 000～3 000倍液防治，喷后1～2天套上原袋。

55. 危害梨果的食心虫如何防治?

危害梨果的食心虫主要有两种，即梨大食心虫和梨小食心虫。

(1)梨大食心虫简称“梨大”，又名“梨斑螟蛾”，俗称“吊死鬼”“黑钻眼”。老熟幼虫体长17～20毫米，暗红褐色至暗绿色。幼虫主要危害梨芽，特别是花芽，也可以危害幼果。越冬幼虫大多从芽的基部蛀入，直达花轴的髓部，虫孔外有细小的虫粪堆积，果柄处有大量缠丝，使被害的幼果不易脱落。在山东1年发生2代，以低龄幼虫在花芽内越冬。翌年梨树花芽膨大时，幼虫从越冬芽内钻出，转移到另一个芽上危害，这一时期叫"转芽期"，幼虫转芽期是药剂防治梨大食心虫的最佳时期。当幼果长到拇指大小时，幼虫转移到幼果上危害，这一时期叫"转果期"，也是幼虫第二次暴露期，是药剂防治的第二次关键时期。近几年，随着套袋技术的推广和普及，梨大食心虫的发生率有逐渐下降的趋势。

防治方法：①结合冬季修剪，将越冬的虫芽剪掉。②梨芽膨大期，树上喷洒48%毒死蜱乳油1 000倍液。③在转芽和转果期用5%氯氰菊酯乳油2 000～3 000倍液或20%杀灭菊酯乳油1 500～2 000倍液喷雾防治。

(2)梨小食心虫简称"梨小"，又名"东方果蛀蛾""折心虫"，俗称"蛀虫""黑膏病"，主要以幼虫蛀食梨、桃、苹果的果实和新梢。在山东1年发生4代，以老熟幼虫在树干基部的土中和树干的老翘皮下、粗皮缝中、枯枝落叶等隐蔽的地方做茧越冬。翌年春季越冬幼虫出来化蛹，一般在6月份发生第一代成虫，产卵在新梢上；第二代成虫发生在7月中旬，产卵于果实上；第三代成虫发生在8月份，仍然产卵于果实上，并继续危害果实。

防治方法：①套果袋阻挡梨小食心虫产卵于果实上，套袋前喷洒一遍2.5%溴氰菊酯乳油2 000倍液。②在发生期，田间悬挂梨小食心虫性诱剂，诱杀成虫和干扰交配，

同时预报成虫产卵的时间，指导树上喷药防治。③在第二、三代卵期，树上喷洒35%氯虫苯甲酰胺水分散粒剂8 000倍液，或2.5%功夫菊酯乳油2 000倍液，或5%来福灵乳剂2 000倍液。

56.在梨树枝干上潜皮危害的虫子怎么防治？

(1)发生规律：在梨树枝干上潜皮危害的虫子是梨潜皮蛾，又叫串皮虫、梨潜皮细蛾。老龄幼虫体长7～9毫米，体乳白色扁平状，头黄褐色，呈扁三角形。成虫喜欢在光滑的幼嫩枝干上产卵，幼虫孵出后潜入皮下蛀食，造成弯曲的线状虫道，后期虫道汇合在一起，树皮变褐死亡、翘起，影响枝干生长。1年发生1～2代，以幼虫在蛀道内越冬，6月中旬至7月中旬为越冬代成虫发生期，8月中旬至9月初为第一代成虫发生期。成虫产卵期是树上喷药防治该虫的关键时期。

(2)防治方法：

①结合冬季修剪，及时剪除被害枝条，集中烧毁，消灭其中的幼虫和蛹。

②成虫产卵期，树上喷洒5%氯氰菊酯乳油2 000倍液或48%毒死蜱乳油1 000～1 500倍液，注意喷洒枝干。

57.怎么防治蛀干危害的吉丁虫？

(1)发生规律：危害梨树的吉丁虫主要是梨金缘吉丁

虫,又名“金绿吉丁”“褐绿吉丁”“梨吉丁虫”。成虫体长13～17毫米、宽5～6毫米,体纺锤形略扁,体表密布刻点,翠绿色有金黄色光泽,前胸背板和鞘翅两侧有金红色纵纹,故因此得名金缘吉丁虫。老熟幼虫体长30～36毫米,淡黄白色,无足,主要以幼虫蛀食树皮和木质部。被害部位组织颜色变深,外观变黑。蛀食的隧道内充满褐色虫粪和木屑,破坏输导组织,造成树势衰弱,严重时树体死亡。在山东2年发生1代,以老熟幼虫在木质部越冬,萌芽时开始继续危害。4月下旬开始有羽化的成虫出现,大量发生期一般在5月上旬至7月上旬,盛期在5月下旬。成虫多产卵于枝干皮缝和伤口处,6月上旬为孵化盛期。初孵幼虫先在绿皮层蛀食,几天后被害处皮色变深。幼虫逐渐深入至形成层,呈螺旋状蛀食,枝干被环蛀1周后常枯死。

(2)防治方法:

①经常检查主干、主枝树皮的颜色,发现颜色变深时,要及时将树皮刮开,检查是否有幼虫危害。春季将老翘皮和老粗皮及时刮除,并将越冬的老熟幼虫从木质部挖除。

②在成虫羽化前,用药物密封树干。5月底6月初,结合防治其他害虫,用48%乐斯本乳油1 000倍液或20%速灭杀丁乳油2 000～3 000倍液喷洒树干。

58. 怎么防治危害梨叶的星毛虫?

(1)发生规律:梨星毛虫又名梨狗子、饺子虫,是梨树的主要食叶性害虫。幼虫淡黄色,体背有两排黑色斑点,两侧有白色瘤突,瘤上着生细毛。梨星毛虫以幼虫危害花

芽和叶片，并吐丝黏合叶片，将叶片纵卷成饺子状，幼虫啃食叶肉，留下表皮和叶脉。除危害梨树外，梨星毛虫还危害苹果、海棠、桃、杏、樱桃和沙果等果树，1 年发生 1 代，2～3 龄幼虫在树干裂缝和粗皮间结白色薄茧越冬。翌年早春萌芽时开始活动，危害芽、花蕾和嫩叶。展叶后，幼虫吐丝缀叶，使叶片呈饺子状，1 头幼虫可危害 5～8 片叶。

(2)防治方法：

①早春刮除老翘皮，消灭越冬幼虫。在幼虫危害期，摘除虫叶，杀死其内的幼虫。

②花芽开绽吐蕾期树上喷药防治，以杀死越冬幼虫，有效药剂为功夫菊酯、速灭杀丁、溴氰菊酯，连续喷洒 2 次即可控制危害。

59. 怎么防治在梨叶背面危害的网蝽？

(1)发生规律：梨网蝽又名梨花网蝽、梨军配虫，俗名花编虫。成虫体长 3.5 毫米，扁平状，暗褐色，触角丝状，翅上布满网状纹。梨网蝽以成虫和若虫刺吸梨树叶片中的汁液，受害叶片正面初期呈现黄白色成片的小斑点，严重时叶片苍白，叶背有成片的黑褐色粪便和成虫产卵时在卵孔上分泌的小黑点。1 年发生 4～5 代，以成虫在枯枝落叶、翘皮缝、杂草及土石缝中越冬。翌年梨树展叶时成虫开始活动，上树危害叶片。

(2)防治方法：

①冬季或早春彻底清除杂草、落叶，集中烧毁，可大大压低虫源，减轻翌年的危害。

②在梨网蝽危害初期，树上及时喷洒 2.5%敌杀死(溴氰菊酯)乳油或 4.5%高效氯氰菊酯乳油、20%灭扫利乳油 2 000 倍液。

60. 疙瘩梨果如何防治?

(1)发生规律：危害梨果，使其形成疙瘩梨的害虫主要是茶翅蝽和黄斑蝽，茶翅蝽俗名“臭大姐”，黄斑蝽俗名臭蝽象，它们均以成虫、若虫刺吸危害果实。果实被害后呈畸形，果肉木栓化，果面凹凸不平，被称为疙瘩梨。1 年发生 1 代，以成虫在梨园附近建筑物的缝隙中越冬，有的在树洞、草堆、石缝等背风向阳处潜伏越冬。越冬成虫 4 月中下旬出蛰，5 月中下旬进入梨园刺吸危害果实，6 月上旬越冬成虫开始交尾产卵，卵多产在叶片的背面，集中成块，排列整齐。

(2)防治方法：

①人工捕杀在越冬场所潜藏的成虫，并在疏花疏果和夏季修剪时，消灭树上的卵块和幼若虫。

②果实套袋，将整个梨园内的梨果全部套上果袋，防止成虫危害果实。

③在若虫发生期进行喷药防治，可以选用 5%氯氰菊酯乳油、20%速灭杀丁乳油、2.5%功夫菊酯乳油、2.5%溴氰菊酯乳油 2 000 倍液等。

61. 套袋梨果上的白色介壳虫如何防治?

(1)发生规律：在果袋内危害梨果的白色介壳虫为康

氏粉蚧，又名梨粉虱、李粉蚧、桑粉蚧。雌成虫体长 3～5 毫米，扁椭圆形，粉红色，表面有白色蜡粉，体缘具有白色蜡丝。该虫食性很杂，除危害梨外，还可危害苹果、桃、葡萄等，因为喜欢阴暗潮湿，所以在套袋果实上发生较重。康氏粉蚧进袋后，主要停留在果实的萼洼处分泌白色蜡粉，排泄出大量黏性物，诱发煤污病，严重污染果面。在山东 1 年发生 3 代，主要以卵在梨树枝干上的老树皮缝、伤口、剪锯口等处越冬。翌年 5 月上旬，越冬卵孵化出若虫危害嫩梢、叶腋和果实。

(2)防治方法：

①5～6 月，结合防治蚜虫和梨木虱进行喷药防治，药剂同梨木虱。

②套袋前树上均匀喷洒杀虫剂，果实套袋时要扎紧袋口。7～8 月结合检查梨黄粉蚜，定期开袋检查康氏粉蚧的危害情况，发现虫量多时需要摘袋喷药防治，可选用 20%杀灭菊酯乳油 2 000 倍液或 2.5%氯氟氰菊酯(功夫)乳油 2 000 倍液。

62. 怎么防治造成梨树折梢的梨茎蜂？

(1)发生规律：梨茎蜂俗称折梢虫、切芽虫，是春季危害梨树枝条的主要害虫。新梢生长至 6～7 厘米时，上部被成虫咬断，下部留 2～3 厘米的短橛。在折断的梢下部有一黑色伤痕，内有一粒卵，幼虫在短橛内危害。受害严重的梨园，满园断梢累累。幼树受害后影响树冠扩大和整形，成龄树受害后影响产量和树势。梨茎蜂 1 年发生1 代，以幼虫在被害的枝梢内做成黄白色的茧越冬。梨树开花期羽化为成虫，在新梢下部产卵，并将新梢咬断。幼虫先在新梢残桩内危害，后转入 2 年生枝内危害。到 7～8 月，在被害的梢内做茧越冬。

(2)防治方法：

①幼虫危害的断梢脱落前易发现，及时剪掉下部的短橛，集中烧毁，消灭虫卵。冬季修剪时，注意剪掉干橛内的老熟幼虫。

②采用药剂防治。在梨茎蜂的成虫发生期，用 40.7％毒死蜱乳油 1 000 倍液、20％速灭杀丁乳油 2 000 倍液或 2.5％功夫乳油 3 000 倍液均匀喷洒树冠。

63. 如何防治危害梨花果的梨实蜂？

(1)发生规律：梨实蜂是危害梨花萼和幼果的一种害虫，只危害梨。春季梨树花期，成虫产卵于花萼组织内，孵出幼虫在花萼基部串食，被害处变黑。幼果被害初期，被害处变黑，有时堆有黑色虫粪，后期被害处凹陷，以后干枯。有转果危害的习性，一生可危害 2～4 个果，常造成大量落花落果。1 年发生 1 代，以老熟幼虫在树干周围 1 米的土中结茧越冬。梨树现蕾期出现成虫，梨花开放时，成虫在梨树上的产卵处有黑点。

(2)防治方法：

①结合疏花疏果，疏除成虫产卵和幼虫危害的花及幼果。在被害幼果脱落期，及时拾取落地的虫果，集中烧毁。

②在成虫出土期，于地面喷洒 50％辛硫磷乳油或

48%毒死蜱乳油300倍液,施药后轻耙表土,使土药混匀。在雨后立即施药效果较好。

③当梨落花达90%时树上喷药防治初孵幼虫,重点喷花萼基部,常用药剂有48%毒死蜱乳油2 000倍液、20%氰戊菊酯乳油2 000倍液、4.5%高效氯氰菊酯乳油3 000倍液。

64. 如何防治啃食梨果皮的象鼻虫?

(1)发生规律:梨虎象又叫梨象鼻虫、犁实象甲。成虫体长12~14毫米,暗紫铜色,有光泽,头管较长。老熟幼虫体长约12毫米,乳白色,肥胖,略弯曲。象鼻虫以成虫啃食花丛、嫩枝皮层、幼果,受害果面出现黑色条状斑痕或坑洼,表面愈合后呈疮痂状,俗称"麻脸梨"。成虫产卵时咬伤果柄,造成落果。成虫在果实上产卵时,用口器将果实咬成孔洞,以后变黑。幼虫在果实内取食,被害果提早脱落。1年发生1代,以成虫在土壤内做蛹室越冬。成虫发生期从5月上旬梨树开花开始至7月下旬结束,梨果拇指大时成虫出土最多。成虫白天活动,有假死性。成虫产卵于果柄基部的果肉内,6月中旬至7月上中旬为产卵盛期。幼虫孵出后直接在果内取食危害,幼虫老熟后脱果入土。

(2)防治方法:

①利用成虫的假死习性,在成虫发生期摇树捕杀成虫,早晨和上午效果好。

②在成虫产卵期及幼虫危害期,及时拾取落地的虫

果，集中处理，消灭其中的幼虫。

③成虫发生期，树上喷洒40%毒死蜱乳油1 000倍液，或选用20%氰戊菊酯乳油、2.5%溴氰菊酯乳油、4.5%高效氯氰菊酯乳油中的一种，喷洒浓度为2 000倍液。第一次喷药后隔15天再喷一次。

65. 如何周年无公害防控梨树主要害虫？

(1)10月至翌年3月(休眠越冬期)：落叶后土壤封冻前全园深翻土壤，浇越冬水，彻底剪除病虫枝，刮除老粗皮，清扫枯枝落叶，集中处理，减少越冬虫源。

(2)3月上旬(发芽前)：树上喷洒5波美度石硫合剂或机油乳剂50倍液，主要防治在树上越冬的梨木虱、二叉蚜、介壳虫、红蜘蛛等。

(3)3月中旬(花芽露白至花序分离期)：树上喷阿维菌素、高效氯氰菊酯的混合液，以防治蚜虫、梨木虱、卷叶蛾、星毛虫、实象甲、梨实蜂、食心虫等。田间悬挂黄色黏虫板诱杀梨木虱、蚜虫、叶蝉、绿盲蝽等。

(4)4月底至5月初(谢花后)：花后一周，树上喷洒尼索朗、吡虫啉的混合液，以防治蚜虫、梨木虱、介壳虫、红蜘蛛等。田间悬挂梨小食心虫性诱剂，以诱杀和测报成虫。

(5)5月中下旬至6月(套袋前)：树上均匀喷洒三唑锡+溴氰菊酯，可防治多种害虫与害螨。喷药后立即套果袋，田间及时清除虫果与虫枝。

(6)7～10月(果实膨大期至采收期)：结合防治病害喷洒杀菌剂，根据害虫的发生情况田间喷洒适宜的杀虫

剂，重点观察套袋果上的黄粉蚜和康氏粉蚧。

66. 葡萄白腐病如何防治？

(1)症状：葡萄白腐病俗称水烂病，主要危害果穗，也危害新梢及叶片。靠近地面的果穗先发病，受害果穗先在穗轴或小果梗处出现淡褐色不规则的水浸状病斑，并逐渐向果粒蔓延。果粒发病首先基部变为淡褐色，后软腐，最后全粒变褐腐烂。发病1周后病果变成深褐色，果皮下密生灰白色小粒点，即分生孢子器。病果失水干缩成深褐色僵果，干枯的僵果常挂在枝上不落。枝蔓发病，多出现在摘心或机械造成的伤口处，病斑初期呈水浸状淡红色，边缘深褐色，病斑向两端扩展，后期病斑变为暗褐色凹陷，表面密生灰白色小粒点。当病斑绕枝蔓一周时，其上部叶片萎黄枯死。叶片发病，先从叶尖、叶缘处开始，出现圆形或不规则形病斑，后期逐渐向叶片中部蔓延，并形成深浅不同的同心轮纹状大斑，病斑极易破碎。

(2)发病规律：葡萄白腐病是由真菌侵染引起的，病菌在地表和土内的病果、病叶、老皮等病残组织中越冬。翌春产生分生孢子，借风、雨水和昆虫等传播，通过伤口、蜜腺和气孔等部位侵入，经6～8天潜育即可发病。在感病部位的病斑上产生分生孢子器和分生孢子，借风雨传播可造成多次重复侵染。高温、高湿是该病害发生和流行的主要因素，一切造成伤口的因素都能引发并加重葡萄白腐病的流行。通风透光不良的果园发病重，土质黏重、排水不良或地下水位高的果园发病重，植株负载量大的发病重，立架的葡萄发病重，果实进入着色期与成熟期时感病程度明显增加。7～8 月是病害流行盛期，雨季越早、雨量越大，病害所造成的损失越大。

(3)防治措施：

①加强栽培管理。结合修剪，及时剪除病果穗、病枝蔓、病叶，集中烧毁或深埋，以减少第二年的侵染源。选择地势平坦、土质疏松、排水及灌溉便利的地块建园，多采用棚架，少用篱架。栽植时选择南北行，以利于通风透光，减少病害发生。合理留果并提高结果部位，增施有机肥并及时摘心、绑缚和中耕锄草。

②套袋及畦面铺膜。当葡萄粒长到黄豆大小时树上喷药，待药液全干后立即套袋，防止病菌侵染果穗。

③喷药防治。春季在撕去老皮和清理全园后，用石硫合剂喷洒树体。幼果期开始(6 月上旬)每隔 10 天左右喷一次药，直至采收，常用的药剂有 80%大生 M-45 800 倍液、200 倍波尔多液、78%科博 500 倍液、80%喷克 800 倍液、70%甲基托布津可湿性粉剂 800 倍液、50%多菌灵可湿性粉剂 600 倍液、70%安泰生 800 倍液、60%百泰 1 200 液、43%好力克 3 000 倍液、40%福星 8 000 倍液等。以上药剂可交替轮换使用，避免因单一使用而产生抗药性。

67. 葡萄炭疽病如何防治?

(1)症状：葡萄炭疽病又名晚腐病，该病害主要危害果实，有时也危害叶片、新梢。发病初期果粒表面出现黑色圆形蝇粪状病斑，幼果期果肉酸而坚硬，病斑只局限于表

皮而不再扩大。待果实开始着色后，果肉变得柔软多汁，含糖量增加，此时病情迅速发展，病斑扩大为圆形或不规则形浅褐色水浸状稍凹陷的病斑，后继续扩大到半个果面，并转为黑褐色至黑色，表面密生小黑点，呈轮纹状排列。发病严重时，病斑可扩展至整个果面，或数个病斑相连引起果实腐烂，腐烂的病果易脱落。叶片受害，受害后多在叶缘部位产生近圆形或长圆形暗褐色病斑，直径2～3厘米。

(2)发病规律：葡萄炭疽病是一种真菌性病害，病菌在1年生枝蔓的表皮、叶痕等部位越冬，或在枯枝、落叶、烂果、穗轴、卷须等组织中越冬。第二年夏季越冬菌源产生分生孢子，借风雨或昆虫等传播，经皮孔、气孔、伤口入侵果实。病害发生的程度与气候条件、品种和栽培管理措施有关，果园高温高湿病害发生严重。意大利、巨峰、红富士、黑奥林等品种具有一定的抗病性，贵人香、长相思、无核白、白牛奶、无核白鸡心、葡萄园皇后、玫瑰香、龙眼等品种比较容易感病。株行距过小、坐果部位过低、留枝量过多、副梢管理不及时、果园通风透光不良以及地势低洼、排水良等因素均有利于发病。

(3)防治方法：

①选用抗病品种。

②清洁果园。结合修剪，清除留在植株上的副梢、穗梗、僵果、卷须等，并把落于地面的果穗、残蔓、枯叶等彻底清除，集中烧毁。

③加强栽培管理。生长期间要及时摘心、及时绑蔓，

摘除下部的黄叶，使果园通风透光良好，以减轻发病。合理施用氮、磷、钾肥，尤其要增施钾肥或有机肥，以提高植株的抗病力。

④药剂防治。早春萌芽前，全园喷洒 3 波美度石硫合剂。落花后 7～10 天开始第一次喷药，以后每隔 10 天左右喷一次，有效药剂有 80％喷克可湿性粉剂 600 倍液、80％大生 M-45 可湿性粉剂 600 倍液、66.75％易保水分散粒剂 1 200 倍液、10％苯醚甲环唑水分散粒剂 1 200 倍液、43％戊唑醇悬浮剂 3 000 倍液、80％炭疽福美可湿性粉剂 500 倍液、70％甲基托布津可湿性粉剂 800 倍液、1∶0.5∶200 波尔多液、25％阿米西达 1 000～2 000 倍液等。葡萄采收前 15 天停止喷药。

⑤果穗套袋。一般果粒黄豆粒大小时开始套袋，套袋前要均匀喷洒 10％苯醚甲环唑水分散粒剂 1 000 倍液或 40％氟硅唑乳油 8 000 倍液，药液干后立即套袋。

68. 葡萄霜霉病怎么防治？

(1)症状：葡萄霜霉病主要危害叶片，也能危害新梢、卷须、叶柄、花序、穗轴、果柄和果实等幼嫩组织。发病初期叶片正面产生水浸状黄色斑点，后扩展为黄色至褐色多角形斑，叶片背面产生白色霉层，后期霉层变为褐色。多个病斑可联合成不规则的大斑，造成叶片早落。新梢、卷须、叶柄、穗轴发病产生黄色或褐色斑点，略凹陷，潮湿时也产生白色霉层，生长受阻，易畸形。花穗和幼果受害时表面生成白色霉层，花穗腐烂干枯，幼果变硬，后变为褐色

软化，干缩易脱落，果实着色后不再受侵染。

（2）发病规律：葡萄霜霉病是由真菌引起的，病菌在病组织中或随病残体于土壤中越冬。翌年环境适宜时，病菌由土壤扩散到空气中，借风雨传播，通过叶片上的气孔侵染。该病多在"立秋"前后（7 月底 8 月初）开始发生，8 月中下旬为发病高峰期。霜霉病的发生与天气条件、栽培管理水平有关，潮湿、冷凉的天气有利于发病，地势低洼、植株过密、棚架低矮、偏施氮肥等均有利于病害的发生与流行。葡萄品种间的抗病性也有明显差异。

（3）防治方法：

①选用高抗霜霉病品种。较抗霜霉病的品种有摩尔多瓦、矢富罗莎、金星无核、香悦、蜜汁、维多利亚、贵妃玫瑰、高妻等。

②搞好田园卫生。休眠期彻底清除留在植株上的副梢、穗梗、卷须等，并把落于地面的果穗、残蔓、枯叶等彻底清除，集中烧毁，以清除越冬病菌，压低病菌基数。

③搞好田间管理。要注意果园排水，防止积水，降低果园湿度。生长期及时绑蔓摘心，剪去病梢，摘除病叶和花序，并带出果园深埋。疏除过密的枝条与果穗，改善通风透光条件。要注意果园施肥，以增强树势，提高抗逆性。推广避雨栽培，目前南方地区采用大棚避雨栽培，能切断病菌的传播链，有效预防霜霉病的发生。

④药剂防治。抓住病害初侵染的关键时期进行防治，以后每 10～15 天喷药一次，可选用的药剂有 1∶0.7∶200 波尔多液、80％乙膦铝可湿性粉剂 500 倍液、72％霜脲锰

锌可湿性粉剂 600 倍液、25%阿米西达悬浮剂 1 500 倍液、68.75%易保可湿性粉剂 1 000 倍液、72%克露可湿性粉剂 600 倍液、52.5%杜邦抑快净水分散粒剂 2 000 倍液、50%烯酰吗啉可湿性粉剂 2 500 倍液等。

69. 葡萄黑痘病如何防治?

(1)症状:葡萄黑痘病又名疮痂病,俗称"鸟眼病",主要危害葡萄的果粒、果梗、穗轴、叶片、叶脉、叶柄、枝蔓、新梢及卷须等绿色幼嫩部分,其中果粒、叶片、新梢受害较重。幼嫩果粒受害初期,果面有深褐色圆形的小斑点,后逐渐扩大成直径 3～8 毫米、边缘紫褐色、中央灰白色且稍凹陷的病斑,形似"鸟眼"状。多个病斑可连接成大斑,后期病斑硬化、龟裂,果实生长迟缓,味酸,失去食用价值。病斑仅限于表皮,不深入果肉。潮湿时,病斑上出现黑色小点并溢出灰白色黏液。果粒后期受害常开裂畸形。成熟的果粒受害,只在果皮表面出现木栓化斑,影响品质。叶片受害,初期为针头大小、红褐色至黑褐色的小斑点,周围有黄色晕圈;后期病斑扩大呈圆形或不规则形,中央灰白色,稍凹陷,边缘暗褐色或紫色。干燥时病斑中央易破裂穿孔,但周围仍有紫褐色晕圈。幼叶受害后叶脉停止生长而皱缩。穗轴、果梗、叶脉、叶柄、枝蔓、新梢、卷须受害后的共同特点是病斑初期为褐色圆形或近圆形的小斑,后期为中央灰黑色、边缘深褐色或紫色、中部明显凹陷并开裂的近椭圆形病斑,扩大后多呈长条形、梭形或不规则形。穗轴受害可使全穗或部分小穗发育不良,甚至枯死;果梗

受害可使果粒干枯脱落或僵化；叶脉及叶柄受害，可使叶片干枯或扭曲皱缩；枝蔓、新梢及卷须受害，可导致其生长停滞或萎缩枯死。

（2）发病规律：葡萄黑痘病是一种真菌性病害，病菌在病枝梢、病果、病蔓、病叶、病卷须中越冬，其中以病梢和病叶为主。翌年春季，越冬的病菌在葡萄发芽时产生大量分生孢子，借风雨传播到幼嫩的叶片和新梢上引起初侵染，以后侵染果实、穗轴。该病在雨水多、湿度大的地区危害重，果园低洼、排水不良、通风透光差或偏施氮肥易发病。

（3）防治方法：

①清除菌源。冬季仔细剪除病梢、僵果，刮除主蔓上的枯皮。彻底清除果园内的枯枝、落叶、烂果等残体，集中深埋或烧毁。萌芽前用3～5波美度石硫合剂喷洒树体及树干四周的土面，喷药时期以葡萄芽鳞膨大，但尚未露绿色为好。在生长期间，及时摘除病叶、病果及病梢，带出园外集中处理。

②加强栽培管理。合理施肥，追肥应使用含氮、磷、钾及微量元素的全肥，避免单独、过量施用氮肥，增强树势。同时加强枝梢管理，结合夏季修剪，及时绑蔓，去除副梢、卷须和过密的叶片，避免架面过于郁闭，改善通风透光条件。地势低洼的葡萄园雨后要及时排水，适当疏花疏果，控制负载量。

③选用抗病品种。在发病严重的地区应选用既抗病又具有优良园艺性状的品种，如巨峰、康拜尔、玫瑰露、吉

丰 14、白香蕉、着色香、贵人香等。

④药剂防治。在葡萄发芽前喷洒一次 3 波美度石硫合剂，消灭越冬病菌。在开花前、落花后果实如玉米粒大小时各喷一次药剂，以后隔 10 天左右再喷一次，基本可控制病害。可选用的药剂有 10％苯醚甲环唑水分散粒剂 1 500 倍液、25％戊唑醇水乳剂 1 500 倍液、40％氟硅唑乳油6 000 倍液、25％醚菌酯悬浮剂 1 500 倍液、1∶0.7∶200 波尔多液、70％代森锰锌 600 倍液等。

70. 葡萄灰霉病如何防治？

(1)症状：葡萄灰霉病主要侵害花穗和果实，也危害叶片。花期果穗发病，初期病部呈淡褐色，后渐变为暗褐色，表面密生黑灰色霉层，病组织软腐凋萎，严重时整个花穗腐败坏死。成熟期果实发病多从浆果转色期开始，初期果面出现不规则的直径 1 毫米大小的灰褐色斑点，扩大后，在果面上出现褐色凹陷斑，整个果粒很快腐败，其上长出鼠灰色霉层，并迅速蔓延，引起全穗果实腐烂。贮运期间发病的果实常变色腐败，并长出灰色霉层和孢子。叶片受害，初期出现绿豆粒大的灰色斑点，扩大后成为淡褐色不规则的斑片，并出现不规则的轮纹，潮湿时生有不规则的灰霉层，一般每片叶有 2～5 块病斑，严重时病部可占叶面积的 40％。病叶一般不脱落。

(2)发病规律：葡萄灰霉病病菌是真菌，病菌在被害部位越冬。该病一年有两次发病期，第一次在开花前后，主要危害花穗及幼果穗，第二次在果实着色至成熟期。葡萄

花期及花后气温回升，若遇连阴雨，则病菌借气流传播到花穗及幼果穗上，然后发病。果实接近成熟期时，此期温度适宜，降雨量增多，有利于病菌侵入果穗并发病。管理粗放、氮肥用量大、磷钾肥不足、虫伤较多、树势偏弱的葡萄园易发病，地湿低洼、雨后积水多、枝梢徒长郁闭、通风透光不良的葡萄园发病重。

(3)防治方法：

①清洁果园，加强田间管理，提高树体的抗病性，改善通风透光性，减少发病条件。

②药剂防治。花前及花后各喷两次药剂，间隔期10天左右。从浆果转色期到果穗采收期，每10天左右施药一次，防效较好的药剂有50%扑海因1 500倍液、10%多氧霉素1 000倍液、25%戊唑醇水乳剂2 000倍液、40%氟硅唑乳油6 000倍液、40%施佳乐悬浮剂1 200倍液、50%速克灵可湿性粉剂1 000倍液、80%代森锰锌可湿性粉剂800倍液等。

71. 葡萄蔓枯病怎么防治?

(1)症状：葡萄蔓枯病又名蔓割病，主要危害枝蔓和新梢。蔓基部近地表处易染病，初期病斑红褐色，略凹陷，后扩大成黑褐色大斑。秋天病蔓表皮纵裂为丝状，易折断，病部表面产生很多黑色小粒点。主蔓染病，病部以上的枝蔓生长衰弱或枯死。新梢染病，叶色变黄，叶缘卷曲，新梢枯萎，叶脉、叶柄及卷须常生黑色条斑。枝条染病多见于叶痕处，病部呈暗褐色至黑色，并向枝条深处扩展，直到髓部,导致病枝枯死。邻近的健康组织仍可生长,但形成不规则的瘤状物,因此又称“肿瘤病”,染病枝条节间缩短,叶片变小。叶片发病产生不规则的褪绿斑,病斑最后脱落形成穿孔。果实发病产生黑色斑块,果穗发育受阻。

(2)发病规律:葡萄蔓枯病是一种真菌性病害,病菌在病蔓上越冬。翌年 5～6 月病菌释放分生孢子,通过风雨和昆虫传播,通过伤口、气孔和皮孔侵入老蔓。病菌侵入后如寄主生活力旺盛、抗性强,则病菌呈潜伏状态,潜伏期都在 1 个月以上,多数受害枝蔓当年不表现症状。寄主衰弱时出现小瘤,1～2 年后形成典型症状。

(3)防治方法:

①清洁果园。及时剪除病虫枝蔓、病枝梢及病果穗,清除园内的枯枝、落叶、落果、杂草等残物,带出园外集中烧毁。

②及时刮治病部。发现老蔓上的病斑时,及时剪除重病枝蔓、病枝梢和病果,集中处理。对于轻病斑,用锋利的刀器刮至无色变的健康组织,刮后将残体拾净带出园外,刮口涂药保护,药剂可用 45%代森铵(施纳宁)水剂 50 倍液或 3～5 波美度石硫合剂。

③加强果园管理,增强树势,提高植株的抗病力。冬季适时入土,尽量减少冻前埋土和春暖出土对根、茎的损伤。注意防治地下病虫害。雨后及时排水,注意防冻。

④喷药防治。历年发病重的葡萄园,萌芽期全园喷 45%代森铵(施纳宁)水剂 400 倍液或 5 波美度石硫合剂。生长季节用 80%代森锰锌可湿性粉剂 800 倍液、70%丙森

锌可湿性粉剂 600 倍液、25%戊唑醇水乳剂 2 000 倍液交替喷雾防治，重喷老蔓基部。

72. 巨峰葡萄大小粒如何预防？

葡萄大小粒是指大粒如正常大小，小粒则显著小于正常果粒，像花生或黄豆粒大小，内无种子，易先着色。葡萄多数品种都有大小粒病发生，其中巨峰葡萄最严重。

(1)巨峰葡萄大小粒病发生的原因很多，归纳如下：①先天性遗传缺陷。②花期天气原因影响授粉，花期干旱、高温、连续阴雨，造成授粉不良。③植株缺少微量元素，缺锌，导致果实发育不一致；缺硼影响授粉，无籽果或少籽果增加。④生长调节剂使用不当。为提高坐果率，抑制生长的调节剂使用过多，或膨大剂使用过早、使用浓度不均匀。⑤肥水管理不当。肥水管理不当造成树势过旺或过弱，果穗营养相对不足。⑥夏季修剪过重或过轻。修剪不当导致营养生长和生殖生长不协调，果穗所留叶片不均匀。⑦巨峰葡萄容易出现树势退化，果穗营养跟不上，果穗保留太过。

(2)防治方法：

①加强田间管理。增施有机肥，保持良好的土壤通透性，促进根系发育，保证开花、坐果和果实生长所需的营养。根据果枝的营养状况进行疏果，营养状况好的可留 2 个果穗，中庸果枝留 1 个果穗，弱枝坚决疏除果穗。合理修剪，按照果枝果穗的多少合理留好营养枝。

②花序分离期和开花前 2～3 天，各喷洒一次 0.3%硼

酸溶液，促进花粉管萌发，提高授粉率。

③在开花前后和幼果膨大前期，各喷一次0.1%～0.3%锌肥，促进果实膨大。合理使用生长调节剂，严格按照说明书决定使用时间和剂量。

73. 如何防治葡萄病毒病？

(1)症状：我国发生的葡萄病毒病主要有葡萄扇叶病、卷叶病、栓皮病、茎痘病、斑点病和花叶病等，其中葡萄扇叶病、卷叶病、栓皮病、茎痘病发生较重。

①葡萄扇叶病病毒可侵染所有葡萄品种，导致坐果率下降，使果穗松散，果粒大小不一，病株叶片变小，边缘的锯齿伸长，叶主脉皱缩，叶片畸形呈扇子状。还有的病株叶脉变成黄色，枝条节间缩短，叶片簇生。

②葡萄卷叶病的症状是果穗变小、延迟成熟、着色差、糖分低。病株基部的叶片先出现淡红色斑点，夏季这些斑点扩大联合，使全叶变红，但叶脉和支脉仍保持绿色，叶片质地变厚变脆，向叶背面卷曲。白玫瑰等浆果为白色和黄绿色的品种，叶缘反卷，脉间褪绿变黄或黄绿色，不变红，叶主脉保持绿色。

③葡萄栓皮病叶片的症状与卷叶病类似，但在生长期间出现较早而且较明显。病株树势衰弱，早春延迟萌芽，春末夏初叶片开始变黄，逐渐反卷并转为红色或黄褐色。与卷叶病不同的是卷叶病的叶脉仍保持绿色，而栓皮病的卷叶则整叶变色。栓皮病植株茎蔓基部的树皮变厚粗糙，产生纵向裂纹，剥去树皮可见木质部表面有深浅不一的槽

沟。病株树势逐年衰弱，枝条脆，易折断，果实成熟延迟，品质显著下降，口感不良。

(2)防治方法：

①选用抗病品种和脱毒种苗，这是目前防治病毒病最现实、最有效的方法。

②切断传染源。使用化学药剂防治蚧虫、线虫等传播媒介可减轻病毒的传播。无病毒葡萄园所用的各种器械，尤其是修剪工具，要专管专用，隔离保存，不能与带毒葡萄园的工具混用。修剪工具使用前后要反复冲洗干净，并用75%酒精消毒。在有毒园片修剪，工具应每剪完一棵树用75%酒精消毒一次。

③田间防治。发现感病植株及时挖除，扇叶病植株挖除后，对挖除位置附近的土壤进行熏蒸消毒，杀灭线虫。熏蒸剂可用甲基溴和1,3-二氯丙烷，施用深度50～75厘米，施后用塑料薄膜覆盖，以加强药效。发病较轻的病株可选用植病灵1 200倍液、病毒A 500倍液等化学药剂叶面喷施，可取得一定的防效，结合施用叶面多元微肥，可加强防效，同时也可增加产量。要加强肥水管理，增施有机肥料，增强树势，提高植株的抵抗力，延迟病症发生的时间和减轻危害。

74. 危害葡萄的绿盲蝽如何防治?

(1)症状：绿盲蝽以成、若虫刺吸危害葡萄的幼芽、嫩叶、花蕾和幼果，造成危害部位细胞坏死或畸形生长。葡萄嫩叶被害后，先出现枯死小点，随叶芽伸展，变成不规则的多角形孔洞，俗称“破叶疯”。花蕾受害后即停止发育，枯萎脱落。受害幼果初期表面呈现不很明显的黄褐色小斑点，随果粒生长，小斑点逐渐扩大，呈黑色，受害的皮下组织发育受阻，渐渐凹陷，严重的受害部位发生龟裂。

(2)防治方法：

①早春葡萄萌芽时，全树喷施一遍 40%毒死蜱乳油 1 000 倍液或 10%吡虫啉可湿性粉剂 4 000 倍液，消灭初孵若虫。

②葡萄开花前，树上喷洒吡虫啉＋菊酯类药剂，可有效防治绿盲蝽对葡萄的危害。

75. 葡萄透翅蛾如何防治？

(1)发生规律：葡萄透翅蛾又名葡萄透羽蛾、葡萄钻心虫，成虫体长约 20 毫米，蓝黑色，头顶、颈部、后胸两侧以及腹部各节连接处橙黄色，前翅红褐色，翅脉黑色，后翅膜质透明，腹部有 3 条黄色横带。老熟幼虫体长 38 毫米左右，全身圆筒形，头部红褐色，胸腹部黄白色，老熟时紫红色。以幼虫蛀食枝蔓，造成枝蔓死亡。受害处从蛀孔处排出褐色粪便，枝蔓膨大肿胀似瘤，易折断或枯死。在北方每年发生 1 代，以老熟幼虫在被害的枝蔓髓内越冬，春季化蛹，6～7 月羽化为成虫。成虫产卵于枝蔓和芽腋间，卵孵化后幼虫多从叶柄基部蛀入新梢内危害。

(2)防治方法：

①6～7 月仔细检查葡萄树，发现有黄叶和枝蔓膨大增粗的虫枝及时剪掉，秋季整枝时发现虫枝要剪掉烧毁。

②当发现有虫蔓而又不愿剪掉时，可将虫孔剥开，将粪便用铁丝勾出，塞入含100倍敌敌畏药液的棉球，用塑料膜将虫孔扎好，可以杀死内部的幼虫。

③成虫发生期，用20%杀灭菊酯乳剂3 000倍液或2.5%敌杀死乳油2 000倍液喷洒枝条，1周后再喷一次。

76. 葡萄根部的蚜虫如何防治?

(1)症状：发生在葡萄根部的蚜虫主要是葡萄根瘤蚜，它是葡萄的毁灭性害虫，属检疫性害虫。葡萄根瘤蚜主要危害根部，须根被害后肿胀，形成菱角形或鸟头状根瘤；侧根和大根被害后形成关节形肿瘤，并导致被害根系腐烂、死亡，从而严重破坏根系对水分和养分的吸收、运输，造成树势衰弱，影响发芽、花芽形成、开花结果，严重时可造成整株死亡。叶片被害后，在叶背面形成虫瘿(开口在叶片正面)，阻碍叶片正常生长和光合作用。该虫主要随苗木、插条远距离传播。以初龄若虫及少量卵在枝干或根部越冬，次年气温上升到13℃时开始活动，4～10月均适宜其繁殖危害，7～8月降雨量过多，其繁殖力下降。若气温干旱，则猖獗危害。

(2)防治方法：

①严禁从有葡萄根瘤蚜的地区引进苗木和插条，对苗木和插条进行严格检疫及消毒。如发现蚜虫，可将苗木、插条放入52～54℃的热水中浸泡杀灭，或用50%辛硫磷乳油800～1 000倍液浸泡15分钟，捞出晾干后调运或使用。病株的根部要全部刨出烧毁，病树根穴用50%辛硫磷

乳油 500 倍液处理消毒。

②田间发现葡萄受到根瘤蚜危害后，及时用 10%吡虫啉可湿性粉剂 2 000 倍液或 5%啶虫脒 1 000 倍液灌根。

77. 危害葡萄叶片的红蜘蛛咋防治？

(1)症状：葡萄红蜘蛛的学名是葡萄短须螨，该螨以成、若螨危害葡萄嫩梢的茎部、叶片、果梗、果穗及果实。嫩梢受害后表面有黑褐色突起。叶片被害后叶脉两侧有褐锈斑，严重时叶片失绿变黄，枯焦脱落。果穗受害后果梗呈黑色，组织变脆，容易折断。果粒前期受害，果面呈铁锈色，表皮粗糙甚至龟裂，后期受害影响着色。1 年发生 6 代以上，以雌成虫在老皮裂缝内、叶腋及松散的芽鳞内群集越冬。第二年 3 月中下旬出蛰，危害刚展叶的嫩芽，然后危害叶片、叶柄、果穗等。

(2)防治方法：

①冬季防寒前，剥除老树皮烧毁，消灭越冬雌成螨。

②春季芽萌动时，树上喷洒机油乳剂 100 倍液。

③树上出现症状初期，用 15%哒螨灵乳油 2 000 倍液或 1.8%阿维菌素乳油 4 000 倍液均匀喷洒葡萄枝叶和果实。

78. 葡萄叶片上的白色绒毛状毛毡病如何防治？

(1)症状：葡萄毛毡病是由瘿螨危害引起的，该瘿螨又名葡萄锈壁虱，螨体很小，需要借助显微镜才能看见，平常

只能看到危害症状。该螨主要危害叶片，受害叶片最初产生苍白色不规则的斑点，后叶片表面隆起，叶背凹陷，呈现白色绒毛毡，故称为毛毡病；后期逐渐变为黄褐色至茶褐色，叶片皱缩、凹凸不平。严重时，还可危害嫩梢、幼果，其上面也产生绒毛物。瘿螨主要集中在葡萄芽苞的鳞片内越冬，其次是树皮裂缝、草缝、土缝中。

(2)防治方法：

①在生长季节发现病叶要及时摘除，集中深埋或烧毁。

②在早春萌芽前，树上喷洒 3～5 波美度石硫合剂，发芽后发现零星的葡萄瘿螨虫苞时可以喷洒三唑锡、哒螨灵、螺螨酯等杀螨剂进行防治。

79. 葡萄上的白粉蚧如何防治？

(1)症状：危害葡萄的粉蚧类害虫有四种，即葡萄粉蚧、康氏粉蚧、暗色粉蚧、长尾粉蚧，其中以康氏粉蚧为主。康氏粉蚧以雌成虫和若虫刺吸危害嫩芽、嫩叶、果实、枝干的汁液。嫩枝受害后，被害处肿胀，严重时造成树皮纵裂而枯死。果实被害后，出现大小不等的褪色斑点、黑点或黑斑，该虫分泌的白色棉絮状蜡粉等污染果实，诱发煤污病。该虫在葡萄上 1 年发生 3 代，主要以卵在树体各种缝隙及树干基部附近的土石缝处越冬，翌年春天葡萄发芽时，越冬卵孵化，爬到枝叶等幼嫩部分危害。

(2)防治方法：

①春季发芽前喷 3～5 波美度石硫合剂或机油乳剂

50 倍液，消灭越冬卵和若虫。

②从花序分离到开花前、葡萄套袋前是树上喷药防治的两个关键时期，选用的药剂为 4.5％高效氯氰菊酯乳油 2 000～3 000 倍液或 5％吡虫啉乳油 2 000～3 000 倍液。

80. 群集危害葡萄叶片的叶蝉怎么防治？

(1)症状：危害葡萄的叶蝉主要有 2 种，即葡萄二星叶蝉(葡萄二点叶蝉)和葡萄二黄斑叶蝉，它们均以成、若虫群集于叶片背面刺吸汁液危害。叶片受害后，正面呈现密集的白色失绿斑点，严重时叶片苍白、枯焦，严重影响叶片的光合作用、枝条的生长和花芽分化，造成葡萄早期落叶、树势衰退；排出的虫粪污染叶片和果实，造成黑褐色粪斑。每年发生 3～4 代，以成虫在葡萄园的落叶、杂草下及附近的树皮缝、石缝、土缝等隐蔽处越冬。

(2)防治方法：

①葡萄落叶后，彻底清除园内的落叶、杂草，集中处理，以消灭越冬成虫。

②成虫对黄色有趋性，可在园内设置黄色黏虫板诱杀成虫。

③喷药防治的两个关键时期是发芽后和开花前后，可选用噻虫嗪、吡虫啉、甲氰菊酯、溴氰菊酯、高效氯氰菊酯、辛硫磷等药剂均匀喷雾，重点喷洒叶片背面。

81. 葡萄上的蓟马如何防治？

(1)症状：危害葡萄的蓟马主要是烟蓟马，雌成虫体长

1.2毫米,淡棕色,能飞善跳,扩散快。该虫主要危害葡萄花蕾、幼果和嫩叶,幼果被害后,果皮出现黑点或黑斑块,以后被害部位随着果粒的增大而扩大,并形成黄褐色木栓化斑,严重时变成裂果。嫩叶被害部位有水浸状黄点或黄斑,以后变成不规则的穿孔或破碎,叶片变小、畸形。

(2)防治方法:

①清理葡萄园内的杂草,烧毁枯枝败叶。

②在开花前1～2天,树上喷洒5%吡虫啉乳油或3%啶虫脒乳油2 000倍液,或2.5%溴氰菊酯乳油2 000～2 500倍液。喷药后5天左右检查,如发现虫情仍较重,则进行第二次喷药。

82. 如何防治引起樱桃花和果实腐烂的褐腐病?

(1)症状:樱桃褐腐病又叫菌核病、灰腐病等,可侵害花、叶、枝梢和果实,但果实受害最重。侵染花器后,雄蕊及花瓣先产生褐色水浸状斑点,以后全花迅速腐烂,天气潮湿时表面丛生灰霉,天气干燥时花变褐干枯,似霜害残留在枝上。枝条染病,形成长圆形稍凹陷的灰褐色溃疡斑,病斑边缘紫褐色,溃疡边缘常发生流胶。当溃疡斑扩大绕枝一周时,枝条上段枯死。成熟的果实染病,2天即可变褐软腐,表面产生灰褐色绒球状霉层。病果易脱落,有的失水变成僵果,不脱落。

(2)发病规律:樱桃褐腐病是由真菌引起的病害,病菌在病僵果和枝条溃疡斑中越冬。第二年春季长出分生孢子,借风、雨、昆虫传播进行侵染。早春土壤湿度大、花期及果实接近成熟期雨水较多、树势衰弱、管理粗放、地势低洼、枝叶过密、通风透光不好均有利于发病。果实在幼果期和成熟期易发病，而硬核期发病较少。

(3)防治方法：

①搞好果园卫生。采收后清除树上、树下的病果，剪除病枝。

②加强栽培管理。开花后剪除病花，深埋，可减少菌源。合理修剪，改善果园的通风透光条件，降低果园湿度。

③药剂防治。发芽前喷 3～5 波美度石硫合剂，压低越冬菌源。初花期和花后是防治褐腐病的关键时期，生长期根据病害的发生程度进行防治。防治药剂有 70％甲基硫菌灵可湿性粉剂 800 倍液、50％多菌灵可湿性粉剂 600 倍液、50％扑海因可湿性粉剂 1 000 倍液、50％速克灵可湿性粉剂 1 500 倍液、50％苯菌灵可湿性粉剂 1 000 倍液、75％百菌清可湿性粉剂 800 倍液、70％代森锰锌可湿性粉剂 600 倍液、25％戊唑醇水乳剂 2 000 倍液、10％苯醚甲环唑水分散粒剂 2 000 倍液、40％氟硅唑乳油 4 000 倍液等，采收前 10 天喷 25％嘧菌酯悬浮剂 3 000 倍液。

83. 如何防止樱桃树流胶？

(1)症状：樱桃流胶病多发生在主干和主枝上，初期发病部位略膨胀，皮层及木质部呈暗褐色，表面湿润，溢出白色柔软半透明的树脂，雨后加重。胶质与空气接触后逐渐形成晶莹、柔软、几乎呈透明状的冻胶体，失水后呈黄褐色，干燥时变为黑褐色，表面凝固。发病严重时，树皮开

裂，其内充满胶质，皮层坏死。随着流胶数量的增加，树体日趋衰弱，叶色变黄，生长迟缓，甚至整树枯死。

(2)发生原因：①由病菌侵染引起，如腐烂病、干腐病、穿孔病、炭疽病、根腐病、根癌病等。②由虫害引起，特别是蛀干害虫吉丁虫、天牛等造成的伤口易引发流胶。③机械损伤造成流胶，剪锯口、冻害、日灼及其他机械损伤易引发伤口流胶。④建园不合理，通风不良、土壤黏重、施肥不当、水分不足或过多、土壤理化性状不良等原因引起树体生理代谢失调而发生流胶。

(3)防治方法：

①合理建园。樱桃不耐涝，适宜在中性和沙质土壤中栽培，避免在土壤黏重、排水不畅、通风不良的地方建园。

②加强田间管理。合理修剪，尽量避免和减少伤口。注意防止旱、涝和冻害，增施有机肥，以培养健壮树势，增强树体的抗逆性，同时要加强病虫害防治。

③枝干涂白，防日灼、冻害。冬春季对树干、大枝涂白，能有效防止流胶病的发生。涂白剂的配制：生石灰6千克、氯化钠1.5千克、大豆汁0.3千克、水20千克，先把生石灰用水化开，再加入大豆汁和氯化钠，搅拌成糊状。

④刮涂防治。对已经发病的枝干，要及时进行刮治，治疗最好在雨季来临前的4～5月进行。先用刀将病部的干胶和老翘皮刮除，并用刀划几道，然后用紫药水涂抹即可，严重的间隔7～10天再涂抹一次。生长季节随发现随防治。

84. 樱桃根部的根癌病如何防治?

(1)症状:根癌病又叫冠瘿病,主要危害树茎基部和根茎处,受侵染植株的根部、根茎部甚至茎上部形成大小不一的坚硬的木质肿瘤。发病初期,病部多形成球形或扁球形的灰白色瘤状物,表面粗糙,内部组织柔软;后期内部木质化,颜色逐渐加深成深褐色,质地较硬,表面粗糙,并逐渐龟裂。被害部位形成肿瘤后,影响树体对营养、水分的吸收和运输,导致树势衰弱、果实品质下降、产量减低,发病严重的树会慢慢死亡。

(2)发病规律:樱桃根癌病是一种细菌性病害,病菌在病瘤组织中越冬。病瘤外层破裂后,细菌被雨水和灌溉水冲下进入土壤,该细菌能在土壤中存活 1 年以上,然后侵染樱桃根茎。苗木带菌是远距离传播的主要方式。黏土、排水不良或土壤为碱性的果园发病较重,重茬苗圃再育苗,根癌病的发生率明显增加。

(3)防治办法:

①选用抗病砧木。马哈利樱桃、中国樱桃、酸樱桃等砧木发病较轻。

②加强苗木管理。老果园,特别是曾经发生过根癌病的果园和老苗圃不能作为育苗基地。出圃苗木一定要严格检查,发现病株要立即挑出、烧毁。栽植苗木前,根部用 K84 30 倍液浸泡。

③加强田间管理。尽量不要大水漫灌,树盘下尽量不积水。降雨后应及时松土,增加土壤的透气性。尽量多施

农家肥、生物菌肥,通过增强树势提高树体的抗病性。

(4)田间防治。对已经发病的树,用快刀彻底切除病瘤,然后涂抹 K84 2 倍液,或 80%402 乳油 200 倍液,或 400 国际单位农用硫酸链霉素+渗透剂。对发病的幼树,可扒开根际土壤浇灌 K84 2 倍液。

85. 如何防治樱桃叶片上的细菌性穿孔病?

(1)症状:樱桃细菌性穿孔病主要危害叶片,有时也危害果实和枝条。叶片染病后形成紫褐色至黑褐色圆形或不规则形的小斑点,直径 2 毫米左右,周围有水浸状黄绿色晕环。后期病斑干枯,病健交界处产生一圈裂纹,病斑脱落形成穿孔。有时数个病斑相连形成一个大斑,大斑焦枯脱落而穿孔,其边缘不整齐。果实染病形成暗紫色中央稍凹陷的圆斑,边缘水浸状。天气潮湿时,病斑上常出现黄白色黏质分泌物,干燥时,病斑及其周围常产生小裂纹,裂纹处常被其他病菌侵染而引起果腐。枝条染病,一是产生春季溃疡斑,春季新叶出现时,枝梢上形成暗褐色水浸状小疱疹块,有时可造成枯梢现象,春末表皮破裂,病菌溢出,开始蔓延;二是产生夏季溃疡斑,夏末在当年的嫩枝上产生水浸状紫褐色斑点,多以皮孔为中心,圆形或椭圆形,中央稍凹陷,最后皮层纵裂、溃疡。

(2)发病规律:病原菌在枝条病组织内越冬,翌年随气温升高,潜伏在病组织内的细菌开始活动。樱桃开花前后,细菌从病组织中溢出,借风雨或昆虫传播,通过叶片的气孔、枝条和果实的皮孔侵入。温暖、多雾或雨水频繁病害加重，如5～6月雨水多的年份。7～9月若遇温暖湿润的天气，则有利于病菌侵入和繁殖，造成病害大暴发。树冠郁闭、枝叶过旺、透光度差发病重，偏施氮肥或氮肥过量，造成枝梢徒长而发病重。早熟品种发病轻，晚熟品种发病重。

(3)防治方法：

①加强栽培管理。增施有机肥，避免偏施氮肥。及时排水，合理修剪，降低果园的湿度，使其通风透光好。秋后结合修剪，彻底清除枯枝、落叶等，集中烧毁。

②单独建园，不要与桃、李、杏等核果类果树混栽，以防相互传染。

③选择抗病性较强的品种，如红灯、那翁、早红宝石。

④药剂防治。发芽前喷5波美度石硫合剂。发病初期树上喷洒72%农用硫酸链霉素3 000倍液或80%代森锰锌可湿性粉剂700倍液，每10～15天一次，连喷2～3次。

86. 引起樱桃落叶的褐斑病如何防治?

(1)症状：樱桃褐斑病主要危害叶片和新梢，病菌先在叶片上产生大小不等的圆形或近圆形病斑，边缘紫色或红褐色，中央灰褐色，有的扩大形成同心轮纹斑。在潮湿的条件下，病部产生黑色小霉点，同心轮纹斑的圆心破碎，造成穿孔。后期在病斑周围形成绿色斑驳，导致叶片提前大量脱落。

(2)发病规律：该病属于真菌性病害，除危害樱桃外，

还侵染枇杷、李、杏、桃、梅等。病菌在病落叶或枝梢病组织内越冬，翌年春天产生孢子，借风、雨传播。6 月发病，8～9 月为发病盛期。温暖、多雨的条件易发病，树势衰弱、环境潮湿发病重。

(3)防治方法：

①清园。秋末彻底清除病落叶，剪除病枝，集中烧毁。

②加强管理。合理施肥和浇水，增强树势。

③药剂防治。樱桃展叶后及时喷药防护，药剂可选用 43%戊唑醇悬浮剂 3 000 倍液、50%异菌脲可湿性粉剂 1 000 倍液、70%代森锰锌可湿性粉剂 600 倍液、60%甲基硫菌灵·异菌脲可湿性粉剂 1 000 倍液。

87. 危害樱桃的病毒病如何防治?

(1)症状：危害樱桃的病毒病主要有 5 种，即李属坏死环斑病毒病、李矮缩病毒病、樱桃小果病毒病、苹果褪绿叶斑病毒病、樱桃卷叶病毒病，其中李属坏死环斑病毒病是危害甜樱桃最严重的病毒病，常见症状是叶片褪绿、坏死或扭曲，植株萎缩。叶片褪绿既可以是环斑，也可以是线纹、带纹或花叶斑驳，有时叶片也会上偏、卷曲或产生耳突症状，芽、叶、枝梢和根等出现坏死症状。其他四种病毒病的症状常混在一起发生，表现为植株矮化，长势衰弱，叶片出现褪绿斑、皱缩、褪绿环斑，叶小、畸形，果实发育不良，果小色差，成熟期延后数周，风味较淡。

(2)防治方法：

①及时防治传毒媒介。在樱桃树生长季节要及时喷

施农药，以防治叶蝉和绿盲蝽等传毒媒介，防止病毒的传播。

②进行无病毒栽培。建议使用无病毒的苗木，同时移除健康果园附近的病树。

③合理操作，防止交叉感染。在不能分辨或无法移除病毒病樱桃树的果园，修剪时要对工具进行消毒处理，每修剪一棵消毒一次，防止通过剪刀交叉感染。嫁接苗木时，嫁接刀也要消毒，避免通过嫁接工具传播。

④药剂防治。发病初期，树上喷洒 24%混脂酸·铜水乳剂 600 倍液，或 10%混合脂肪酸水乳剂(83 增抗剂)100 倍液，或 7.5%克毒灵水剂 600～800 倍液，或 20%盐酸吗啉胍·胶铜(病毒 A)可湿性粉剂 500 倍液，或 10%病毒王水剂 500 倍液，或 3.85%病毒必克可湿性粉剂 700 倍液。

88. 樱桃叶点病如何防治?

(1)症状：樱桃叶点病发生普遍，除侵染樱桃外，还可侵染桃、杏、李、梅等核果类果树。侵染叶片，病斑初为淡绿色，渐变为红褐色，后变为灰褐色，终成灰白色。病斑扩展后边界不清晰，后期上面散生许多小黑点，即为病原菌的分生孢子器。

(2)发病规律：多雨或潮湿的环境条件有利于病菌传播和侵入，尤其夏季降雨多的年份。地势低洼、枝条郁闭、果实采摘后放松了药剂防治的果园发病较重。

(3)防治方法：

①适时疏枝修剪，使果园通风透光良好，以降低果园的湿度，减轻病害的发生。

②清洁果园。清扫落叶，集中烧毁或深埋，减少病菌的来源。

③药剂防治。芽萌动前，全树均匀喷洒3～5波美度石硫合剂，以铲除越冬菌源。谢花后开始，每隔10～14天喷一次杀菌剂，直到采收。谢花后喷施的药剂可选用50%多菌灵可湿性粉剂600倍液，或70%甲基托布津可湿性粉剂700倍液，或65%代森锰锌可湿性粉剂500倍液，或75%百菌清可湿性粉剂600倍液。

89. 如何防治樱桃灰霉病?

(1)症状：花萼和刚落花的小果易被侵染，发病初期病部呈淡褐色水浸状，很快变成暗褐色，潮湿时病穗上长出一层鼠灰色霉层，此为病菌的分生孢子梗和分生孢子。新梢、叶片被害，产生淡褐色不规则的病斑，病斑有时出现不明显的轮纹，也长出鼠灰色霉层。果实在近成熟时发病，呈淡褐色软腐，果面覆盖灰色鼠毛状霉层。

(2)发病规律：病菌能侵染多种水果、蔬菜和花卉，以菌核和分生孢子越冬，翌年春季产生分生孢子，借气流传播。病菌生长的适温为15～20℃，果实采收期低温、阴雨有利于发病。

(3)防治方法：

①农业防治。合理修剪，使果园通风透光良好，降低

果园的湿度，创造不利于病害发生的条件。

②人工防治。清扫干净地面上的落叶、落果，集中烧毁，以消灭越冬菌源。

③药剂防治。樱桃树发芽前（芽萌动期），全树均匀喷洒4～5波美度石硫合剂，或1∶1∶100的波尔多液，铲除在枝条上越冬的菌原。从花脱萼开始，每隔10～14天喷洒一次50%多菌灵可湿性粉剂600倍液，或70%甲基硫菌灵可湿性粉剂700倍液，或65%代森锌可湿性粉剂500倍液，或70%代森锰锌可湿性粉剂700倍液，或75%百菌清可湿性粉剂500～600倍液，或50%异菌脲可湿性粉剂1 500倍液，或50%速克灵可湿性粉剂1 500倍液。

90. 引起樱桃裂果的原因是什么，如何防治？

（1）发生规律：樱桃裂果病，品种不同发病轻重不同，但主要与果实近成熟期的降雨有关。裂果主要有三种类型，即横裂、纵裂和三角形裂。果实一旦开裂，不但使果实失去商品价值，还可招致霉菌侵染。裂果主要发生在果实膨大期，由于水分供应不均匀，或后期天气干旱，突然降雨或浇水，果树吸水后果实迅速膨大，果肉膨大的速度快于果皮膨大的速度而造成裂果。土壤有机质含量低、黏土地、土壤通气性差、土壤板结、干旱缺水时裂果重。

（2）防治方法：

①农业防治。改良土壤，增施有机肥，地面覆草、生草，涵养土壤水分，合理浇水，避免果园大干大湿。果实膨大期地面覆膜，控制土壤的吸水量。

②人工防治。成熟的果实遇雨后抢摘是减轻经济损失的重要措施。

③药剂防治。对于历年裂果较重的园片，在未出现裂果前，喷施浓度为0.05%～0.10%的新高脂膜可减轻裂果病的发生。

91. 如何防治危害樱桃叶片使其肿胀的瘿瘤头蚜？

(1)发生规律：樱桃瘿瘤头蚜是一种只危害樱桃叶片的蚜虫，被害叶片正面端部或侧缘形成肿胀隆起的伪虫瘿，虫瘿初为黄绿色，后变为枯黄色，5月底发黑干枯。1年发生10余代，以卵在樱桃1年生枝条上越冬。春季萌芽时越冬卵孵化，危害幼叶边缘的背面，随后形成虫瘿，并在虫瘿内取食和繁殖。

(2)防治方法：

①田间发现虫瘿后及时摘除虫叶，带出园外深埋或倒入沼气池。

②樱桃树发芽前，全树喷洒99.1%敌死虫乳油或99%绿颖乳油(机油乳剂)，杀灭越冬卵。越冬卵孵化后尚未形成虫瘿之前，树上喷洒10%吡虫啉可湿性粉剂4 000倍液或3%啶虫脒乳油1 500～3 000倍液。自然界中，蚜虫的天敌很多，主要有食蚜蝇、瓢虫、草蛉、小花蝽、蚜茧蜂，果园尽量不使用广谱、触杀性菊酯和有机磷类杀虫剂，以免杀伤天敌。

92. 如何防治危害樱桃果实的果蝇?

(1)发生规律:危害我国樱桃果实的果蝇为黑腹果蝇,是近些年危害樱桃果实的一种重要害虫。果蝇以幼虫(蛆)蛀食果肉,被害果面上有针尖大小的虫眼,虫眼处果面稍凹陷,色较深,果内有虫粪。常造成受害果软化,表皮呈水浸状,果肉变褐腐烂。该虫1年发生十几代,以蛹在1～3厘米的土层中越冬。当气温在20℃左右或者地温在15℃左右时,成虫达到羽化高峰。樱桃果实完全成熟时散发出来的甜味对成虫具有很强的吸引力,成虫对发酵果汁和糖醋液等有较强的趋性。成虫将卵产在成熟的果实表皮内,经1～2天,卵孵化为幼虫危害果实。中晚熟品种受害严重,果肉硬的品种发病轻。

(2)防治方法:

①果实采收后,应及时清除果园中的落果、烂果,集中处理。樱桃果实膨大着色期,及时清除果园内外的杂草、垃圾。

②越冬成虫羽化期,利用糖醋液等诱杀果蝇成虫。按糖、醋、果酒、橙汁、水为1.5∶1.0∶1.0∶1.0∶10.0的比例配制糖醋液,将配制好的糖醋液盛入小的塑料盆中,每盆400～500毫升,悬挂于树下阴凉处,每亩10～15个,多数悬挂于接近地面处,少数悬挂于距地面1.0～1.5米处。每日捞出诱到的成虫杀死或深埋,定期补充糖醋液,使其始终保持原浓度。同时地面喷洒辛硫磷和毒死蜱药液,压低虫口基数,减少发生量。同时,树上喷施纯植物性杀虫

剂清源保(0.6%苦内酯)水剂1 000倍液,7天后重喷一次,或树上喷洒1%甲维盐乳油5 000倍液2次。

93. 如何防治樱桃枝干上的桑白蚧?

参见桃树上的介壳虫。

94. 如何防治危害樱桃树的草履蚧?

(1)发生规律:草履蚧又名草履硕蚧、草鞋蚧壳虫,俗称桑虱子,可危害桃、樱桃、苹果、梨、柿、核桃、枣等多种果树。雌成虫体长约10毫米,无翅,扁椭圆形,鞋底状,背面隆起,黄褐色至红褐色,外周淡黄色,触角鞭状。若虫的体型与雌成虫相似,但体小,色深。以雌成虫及若虫群集于枝干上吸食汁液,刺吸嫩芽、嫩枝和果实,导致树势衰弱,发芽推迟,叶片变黄。严重时引起早期落叶、落果,甚至枝梢或整枝枯死。1年发生1代,以卵在树干基部附近的土壤中越冬。越冬卵大部分于翌年2月中旬至3月上旬孵化,孵化后的若虫先停留在卵囊内,待樱桃芽萌动时开始上树危害。一般2月底若虫便开始上树,3月中旬为上树危害盛期,4～5月危害最重。5月中下旬雌成虫开始下树入土,分泌卵囊产卵。

(2)防治方法:

①冬季施基肥、翻地时人工深挖树盘,将越冬卵囊翻入深土中,杀灭越冬虫卵。5月中旬即雌虫产卵期,在主干周围挖坑,填上杂草、树叶,诱集成虫产卵,然后收集

烧毁。

②上年发生严重的果园，2 月初在树干基部涂抹宽约 10 厘米的黏虫胶。黏虫胶可购买，也可利用废机油制造，每千克加入沥青 1 千克，熔化后混匀使用。隔 10～15 天涂抹一次，共涂 2～3 次。注意及时清除黏在胶上的若虫。也可用透明、光滑的塑料胶带缠绕树干一周，在胶带环下面涂药环，药剂按润滑脂、机油、敌敌畏乳油 5∶2∶1的比例配制，每 10～15 天涂一次，可杀死环下的活虫。

③草履蚧发生严重的果园，从 2 月底 3 月初开始，对果树的主干或枝条进行喷药，5～7 天喷一次，连喷 3～4 次，药剂选用 40％辛硫磷乳油 800 倍液或 4.5％高效氯氰菊酯乳油 1 500 倍液。

95. 樱桃收获后树上发生刺蛾怎么办？

(1)发生规律：危害樱桃树的刺蛾主要是黄刺蛾，俗名洋辣子、八角虫。初孵幼虫黄色，随着长大，虫体表面长出黑色纵线，各龄期身上着生枝刺。老熟幼虫体长 19～25 毫米，身体方形，黄绿色，背面有一个哑铃形的紫褐色大斑，各节有 4 个枝刺。蛹椭圆形，黄褐色，长 13 毫米，表面有小齿，外包卵圆形硬壳，似雀蛋，茧表面有灰白色不规则的纵条纹。以幼虫危害叶片，初孵幼虫群集叶背取食叶肉，形成网状透明斑。幼虫长大后分散开，取食叶片成缺刻，5～6 龄幼虫能将整片叶吃光，仅留主脉和叶柄，严重影响樱桃树势和次年果实的产量。1 年发生 1 代，以老熟幼虫在树枝上结茧越冬。6 月中旬至 7 月中旬为成虫发生

高峰期，幼虫发生期为6月下旬至8月下旬。初孵幼虫先食卵壳，然后群集叶背取食叶肉，幼虫长大后分散开吃叶片。

（2）防治方法：

①结合冬季和春季修剪，用剪刀刺伤枝条上的越冬虫茧及茧内的幼虫。幼虫发生期，田间发现后及时摘除带虫的枝、叶，消灭幼虫。

②发生数量少时，一般不需专门进行化学防治，可在防治梨小食心虫、卷叶虫时兼治。刺蛾的低龄幼虫对化学杀虫剂比较敏感，一般拟除虫菊酯类杀虫剂如速灭杀丁、功夫、敌杀死等均可有效防治。

96. 如何防治危害樱桃的茶翅蝽？

（1）症状：茶翅蝽又名臭木蝽象、臭蝽象，俗名臭板虫、臭大姐，以成虫、若虫刺吸危害樱桃叶片、嫩梢及果实，果实受害部位的细胞坏死，果肉组织变硬并木栓化，果面凹凸不平，形成畸形果。

（2）防治方法：幼、若虫发生期正值樱桃采收前后，对于发生数量较大的果园可喷药防治，药剂可选用40.7%毒死蜱乳油1 000～1 200倍液、20%甲氰菊酯乳油2 500～3 000倍液、4.5%高效氯氰菊酯乳油1 500～2 000倍液等。

97. 如何防治危害核桃果实和叶片的黑斑病？

（1）症状：核桃黑斑病主要危害果实、叶片、嫩梢和芽，果实感病后，果面上先出现黑褐色小斑点，随后扩大为圆形或不规则形的黑色病斑，外围有水浸状晕圈，病斑中央下陷龟裂并变为灰白色。遇雨天，病斑迅速扩大，并向果核发展，使核壳变黑。严重时，全果变黑腐烂，提早落果。叶片感病后，出现近圆形或多角形黑褐色病斑，外面有半透明状晕圈，严重时病斑连片扩大，有时呈穿孔状，使叶片皱缩枯焦，提早脱落。叶柄和嫩梢上的病斑呈长圆形或不规则形，黑褐色，稍下陷。严重时病斑扩展包围枝干一周，枝梢枯死。芽受害后常变黑枯死。发病与温湿度有密切关系，一般细菌侵入叶面的最适温度为4～30℃，侵染幼果的最适温度为5～27℃，春、夏多雨年份发病早且严重。

(2)防治方法：

①加强栽培管理。每年秋季施足有机肥，并合理配方施肥，保证树体健壮，增强抗病力。

②清除侵染源。采果后，结合修剪清除病枝、病叶、病果，集中烧毁，减少次年侵染源。

③药剂防治。发芽前喷3～5波美度石硫合剂，展叶后喷波尔多液1～3次。雌花开花前、开花后及幼果期各喷一次30%甲基托布津。

98. 如何防治核桃炭疽病？

(1)症状：核桃炭疽病主要危害果实、叶片、芽和嫩梢，果实受害后引起早期落果或核仁干瘪。果实上的病斑初为褐色，后变为黑色，近圆形，中央下陷。病部有黑色粒

点，有时呈同心轮纹状排列。湿度大时，病斑上的小黑点有粉红色小突起，严重时，病果上常有多个病斑扩展连成片，全果变黑腐烂或早落。叶上的病斑不规则，有时叶缘四周约1厘米宽处枯黄，或在主侧脉间出现长条状枯斑或圆褐斑，严重时全叶枯黄脱落。芽、嫩梢、叶柄、果柄感病后，出现不规则或长方形下陷的黑褐色病斑，造成芽梢干枯，叶、果脱落。一般当年雨季早、雨水多、湿度大时发病早且重；反之，发病晚，病害轻。栽植密度过大、树冠稠密、通风透光不良发病较重。

(2)防治方法：

①合理密植，加强管理，保证园内通风透光良好，提高植株的抗病能力。清除园内的病枝、病果、落叶，集中烧毁或深埋，减少初次侵染源。

②用50%多菌灵可湿性粉剂600倍液，或75%百菌清600倍液，或50%甲基托布津500～800倍液，在核桃开花前、幼果期、果实迅速生长期各喷一次。

99. 如何防治危害核桃苗木和枝干的溃疡病？

(1)症状：核桃溃疡病主要危害核桃苗木、大树的树干和主枝，在皮部形成水孢，破裂后流出淡褐色液体；后期病斑干缩，中央纵裂一小缝，上生黑色小点，即分生孢子器。病菌主要以菌丝在当年的病皮内越冬，5月下旬气温28℃左右时分生孢子大量形成，借风雨传播，多从伤口侵入，形成发病高峰。6月下旬气温30℃以上时，病害发展快，但没有春季重。

(2)防治方法:

①及时清理或剪除病枝,集中烧毁,减少病菌来源。加强管理,增施肥料,增强树势。避免与容易感病的枫杨、刺槐或者杨树等混合栽植,以免交叉感染。早春树干涂白,涂白剂的配方为生石灰5千克、食盐2千克、油0.1千克、水20升。

②药剂防治。4~5月及8月各喷一次50%甲基托布津可湿性粉剂200倍液或抗生素“402”乳油200倍液。在发病初期用刀刮除病部,而后涂药治疗,药剂有3~5波美度石硫合剂、2%硫酸铜溶液、1:3:15的波尔多液、10%碱水、5%~10%甲基托布津或多菌灵油膏等。

100. 核桃褐斑病如何防治?

(1)症状:此病主要危害叶片、嫩梢和果实,引起早期落叶、枯梢和烂果。叶片感病后出现圆形或不规则形的小褐斑,中间灰褐色,边缘暗绿色至紫褐色,病斑上有黑褐色小点。严重时,病斑增大并连成大片枯斑,叶早期脱落。枯梢上的病斑呈长椭圆形或不规则形,黑褐色,稍凹陷,边缘褐色,病斑中间常有纵向裂纹,后期病斑上散生许多小黑点,严重时嫩梢枯死。果实上的病斑较叶片上的小、凹陷,扩展后,果实变黑腐烂。雨水多的年份发病重,雨后高温高湿的情况下发展迅速。

(2)防治方法:

①清除病源。果实采收后,结合修剪,彻底清除病害枝梢、病叶、病果,集中烧毁或深埋,减少病源。

②药剂防治。于6月中旬和7月上旬各喷一次1:2:200的波尔多液或50%甲基托布津800倍液。

101. 如何防治危害核桃新梢的白粉病?

(1)症状:核桃白粉病主要危害叶片和新梢,受害部位产生白色或灰白色的粉状物。叶片感病后,叶片背面产生灰白色粉状病斑,叶片正面的粉层浓淡不均,凹凸不平。9～10月病叶上产生微小的黑色颗粒,叶片扭曲皱缩。新梢染病后节间缩短,叶形变狭,叶缘卷曲,质地硬脆,渐渐枯焦,冬季落叶后,病梢呈灰白色。每年5～6月和9月是发病高峰期。

(2)防治方法:

①清除病源。自核桃展叶至开花期,及时摘除病梢、病叶,带出园外集中处理。核桃采收后,结合修剪,剪除病梢、病芽,扫除落叶,集中烧毁。

②药剂防治。重病区在发病初期喷0.3波美度石硫合剂或50%甲基托布津1 000倍液。

102. 核桃举肢蛾如何防治?

(1)症状:核桃举肢蛾俗名“核桃黑”,幼虫体长7.5～9.0毫米,头黄褐色至暗褐色,胴部淡黄褐色,背面微红。以幼虫蛀食核桃果实和种仁,形成纵横的蛀道,粪便排于其中。蛀孔外流出透明或琥珀色的水珠,然后青色果皮皱缩变黑腐烂,果面变黑凹陷皱缩,常提早脱落。该虫以老熟幼虫在树冠下1~2厘米深的土壤中、石块下及树干基部的粗皮裂缝内结茧越冬。6月上旬至8月上旬出现成虫,成虫昼伏夜出,卵多散产于两果相接的缝隙处,少数产于梗洼、萼洼、叶腋或叶上。幼虫6月中旬开始危害,老熟幼虫7月中旬开始脱果。

(2)防治方法:

①秋末或早春深翻树盘,可消灭部分越冬幼虫。及时摘除虫果、捡拾落果,并将其集中处理,以消灭在果内危害的幼虫。

②成虫羽化出土前,于树冠下的地面上喷施40%辛硫磷乳油600倍液,以杀死刚出土的成虫。

③成虫产卵盛期是树上喷药的关键时期,可选用2.5%敌杀死乳油2 000倍液、10%天王星乳油3 000倍液、20%速灭杀丁乳油2 000倍液喷雾防治,重点喷洒果面,每隔7~10天一次,连续喷3次,将幼虫消灭在蛀果之前。如果选用35%氯虫苯甲酰胺水分散粒剂8 000倍液或25%灭幼脲悬浮剂2 000倍液,喷洒1~2次即可控制危害。

103.如何防治核桃毛虫?

危害核桃的毛虫主要有姬白污灯蛾、角斑古毒蛾、大蚕蛾、美国白蛾。

(1)姬白污灯蛾:老熟幼虫体长25~35毫米,头红褐色,体暗绿色至黑褐色,背面色深,体侧线褐色,各体节生有4个黄色毛瘤,上面簇生棕黄色至棕褐色长毛,背面的

2个较大;1年1代,以蛹越冬;以幼虫蚕食叶片成缺刻、孔洞,严重时把叶片吃光。翌年5月中旬成虫开始羽化,6月中下旬为羽化盛期,6月中旬开始产卵,卵期30天,7月上旬幼虫孵化,9月上旬老熟幼虫入土化蛹越冬。

防治方法:秋后或早春深耕可消灭部分越冬蛹,结合防治核桃举肢蛾进行药剂防治。

(2)角斑古毒蛾:角斑古毒蛾又名赤纹毒蛾、杨白纹毒蛾、梨叶毒蛾、囊尾毒蛾、核桃古毒蛾,可危害苹果、梨、桃、杏、李、梅、樱桃、山楂、柿、核桃等多种果树。幼虫食芽、叶和果实,初孵幼虫群集于叶背取食叶肉,残留上表皮。2龄幼虫开始分散活动,从芽基部蛀食,致芽枯死。嫩叶常被吃光,仅留叶柄,成叶被吃成缺刻和孔洞,严重时仅留粗脉。果实常被咬成不规则的凹斑和孔洞,幼果被害常脱落。山东1年发生2代,以2～3龄幼虫于树皮缝中、粗翘皮下及树干基部附近的落叶等被覆物下越冬。4月上中旬核桃发芽时开始出蛰活动危害,5月中旬开始化蛹,越冬代成虫于6～7月发生,第1代幼虫6月下旬开始发生,第2代幼虫8月下旬开始发生,9月中旬前后开始陆续进入越冬状态。

防治方法:冬季清除落叶、刮除粗皮、堵塞树洞,以消灭越冬幼虫。药剂防治参考核桃举肢蛾。

(3)大蚕蛾:大蚕蛾又名白毛虫、漆毛虫,俗称"摇头虫"。幼虫食叶很猛,严重危害时树叶被吃光,仅剩叶脉。该虫1年1代,在树干分叉处或草丛中结茧化蛹越冬。2月下旬羽化,3月产卵,一般产于寄主基部的树干上以及

低矮的幼树或寄主附近的地面上，卵呈块状，每块几十粒。4 月孵化幼虫，7～8 月幼虫老熟，树上危害期是 4～8 月。1～3 龄幼虫群集吃叶，4 龄分散取食。

防治方法：①结合冬季修剪，人工刮除树干上的卵块。②8～9 月，田间利用黑光灯或频振式杀虫灯诱杀成虫。③利用幼虫的群集性进行人工捕杀。6～7 月为大蚕蛾幼虫缀叶结茧化蛹期，这时可以在核桃树周围的灌木杂草中拾摘茧蛹，然后集中烧毁。④幼虫发生期可于树上喷药防治，选用药剂同核桃举肢蛾。

（4）美国白蛾：美国白蛾又名美国灯蛾、秋幕毛虫、秋幕蛾，是世界性检疫害虫，主要危害果树、行道树和观赏树木，尤其以阔叶树为重。成虫白色，体长 12～15 毫米，雄虫前翅上有几个褐色斑点，雌虫前翅纯白色。卵球形，幼虫体色变化很大，黄绿色至灰黑色，背线、气门线浅黄色，背部毛瘤黑色，体侧毛瘤橙黄色，毛瘤上着生白色长毛丛。在山东省 1 年发生 3 代，以蛹在树皮下或地面上的枯枝落叶中越冬。翌年春季羽化为成虫，产卵在叶背，覆以白鳞毛。幼虫孵化后吐丝结网，群集于网幕中取食叶片，叶片被吃光后，幼虫移至枝杈和嫩枝的另一部分织一新网幕。

防治方法：①人工防治。在幼虫 3 龄前发现网幕后人工剪除，并集中处理。如幼虫已分散，则在幼虫下树化蛹前采取树干绑草的方法诱集下树化蛹的幼虫，定期定人集中处理。②生物防治。发生期于田间释放周氏啮小蜂。③喷药防治。在卵孵化期和结网前树上喷药，选用的药剂有 2.5%高效氯氟氰菊酯微乳剂 1 500 倍液、Bt 乳剂 400

倍液、2.5%功夫菊酯乳油1 500倍液、25%灭幼脲Ⅲ号胶悬剂2 500倍液、24%米满胶悬剂4 000倍液、5%卡死克乳油1 000倍液、20%杀铃脲悬浮剂5 000倍液，进行喷洒防治。

104. 如何防治危害核桃叶片的刺蛾？

(1)刺蛾俗称青叮子、辣叮子，常见的有黄刺蛾、青刺蛾、褐边绿刺蛾、褐刺蛾、扁刺蛾等，是一种杂食性害虫。幼虫取食叶片，影响树势和产量。幼虫体上有毒毛，接触人体会刺激皮肤。

(2)防治方法：利用幼虫的群集性，采集受害叶片烧毁。幼虫发生严重时，用20%速灭杀丁乳油1 500倍液或2.5%功夫乳油2 000倍液喷杀。

105. 如何防治危害核桃根颈造成死树的核桃横沟象？

(1)核桃横沟象又名根象甲，主要在坡底沟洼、村旁土质肥沃的地方及生长旺盛的核桃树上危害。

(2)防治方法：①成虫产卵前，将根颈部的土壤挖开，涂抹浓石灰浆于根颈部，然后封土，以阻止成虫在根上产卵，效果很好，可维持2～3年。②冬季结合翻树盘，挖开根颈部的泥土，剥去根颈部的粗皮，降低根部湿度，造成不利于虫卵发育的环境。③4～6月，挖开根颈部的泥土，用斧头每隔10厘米左右砍破皮层，用辛硫磷药液重喷根颈部，然后用土封严，毒杀幼虫和蛹，效果显著。④7～8月成虫发生期，结合防治举肢蛾在树上喷药防治。

106. 如何防治晚上出来危害核桃叶片的金龟子？

(1)发生规律：危害核桃的金龟子有10多种，其中以暗黑鳃金龟为主。它以成虫蚕食核桃叶片，危害严重时能将叶片食光。幼虫（蛴螬）生活于地下，危害根系，严重时造成植株死亡。该虫1年1代，以幼虫在土中越冬。成虫5月上旬至7月中旬出土危害，6月为出土盛期。成虫傍晚飞到树上取食叶片，天亮前后飞回土中，白天即在土中潜伏。成虫有假死性和趋光性。

(2)防治方法：

①利用黑光灯或频振式杀虫灯诱杀成虫。

②利用假死性，于傍晚敲树振虫，树下用塑料布接虫，集中消灭。

③发生量大的年份，树上喷50%辛硫磷乳油800～1 000倍液，或用40%毒死蜱乳油1 000倍液。

107. 如何防治核桃天牛？

(1)发生规律：危害核桃的天牛种类较多，主要有桑天牛、云斑天牛、锦缎天牛、锯天牛等。成虫取食叶片和嫩枝表皮，幼虫蛀食皮层和木质部。核桃受害后，树势衰弱，甚至整株枯死，是核桃的毁灭性害虫。

(2)防治方法：

①人工捕杀。在成虫发生期直接捕捉，也可在晚间用

灯光诱杀。

②人工杀灭虫卵。6～7 月检查树干基部，寻找产卵刻槽或流黑水的地方，用刀将被害处挖开，杀死虫卵和初孵幼虫。也可以用锤敲击，以消灭卵和初孵幼虫。

③人工钩杀幼虫。发现蛀入木质部的幼虫，可用细铁丝弯一小钩，插入虫孔，钩杀部分幼虫。

④药剂防治。发现枝干上有粪屑排出时，将虫孔附近的粪屑除净，用注射器从虫孔注入 80%敌敌畏乳剂 20 倍液或 50%辛硫磷乳剂 50 倍液，还可将磷化锌毒签插入虫孔熏杀幼虫。

108. 如何防治危害核桃树干基部的木蠹蛾？

(1)发生规律：木蠹蛾俗称核桃虫，老龄幼虫体长 6～9 厘米，初孵幼虫粉红色，大龄幼虫体背紫红色，侧面黄红色，头部黑色；以幼虫群集在核桃树干基部及根部蛀食皮层，使根颈部的皮层开裂，排出深褐色的虫粪和木屑，并有褐色液体流出。被害处可有十几条幼虫，蛀孔堆有虫粪，幼虫受惊后能分泌一种特异香味，使树势逐年衰弱，产量降低，甚至整株枯死。1 年 1 代，以幼虫在被害枝干内越冬。

(2)防治方法：

①及时发现和清理被害枝干，消灭虫源。树干涂白，防止成虫在树干上产卵。

②用 50%敌敌畏乳油 100 倍液涂刷虫疤，杀死内部的幼虫。用磷化铝片剂堵塞虫孔，熏杀根、树干内的幼虫。

对尚未蛀入树干内的初孵幼虫，可用 2.5%溴氰菊酯乳油 1 000 倍液喷雾毒杀。

109. 如何防治危害枣叶的枣锈病？

（1）症状：病害仅发生在叶部，受害严重时，病叶干枯早落，枣果失水皱缩，糖分降低，对枣的产量和品质影响很大，有的甚至绝产，并影响下一年产量。5～7 月受菌量和湿度条件的限制，田间发病轻微，但这是病菌反复侵染繁殖、菌量逐渐积累的阶段，此间菌量积累的多少是当年枣锈病发生轻重的关键。

（2）防治方法：枣锈病的防治可依据天气情况进行，合理安排当年的喷药时间和喷药次数。200 倍倍量式波尔多液是预防枣锈病的有效药剂，治疗药剂有三唑酮、戊唑醇、己唑醇等。另外，还应做好枣行的管理，保持通风透光，雨季及时排除积水。

110. 枣疯病怎么防治？

（1）症状：枣疯病是我国枣树的严重病害之一，一旦发病，翌年很少结果，发病 3～4 年后即可整株死亡，对生产威胁极大。枣疯病可通过嫁接和分根传播，嫁接传播潜育期最短为 25 天，最长可达一年以上。田间主要通过媒介昆虫传播，现已知的种类有中华拟菱纹叶蝉、凹缘菱纹叶蝉等，其成、若虫均可传播，潜育期 10～12 个月。病害一般先在部分枝条和根蘖上表现症状，后逐步扩展至全株，

有的整株同时发病。枣树地上、地下部均可染病，其发病症状表现为萼片、花瓣、雄蕊和雌蕊反常生长，成为浅绿色小叶，小叶叶腋间抽生细矮的小枝，形成枝丛；一年多次萌发生长，连续抽生细小黄绿的枝叶，形成稠密的枝丛；全树枝干上原是休眠状态的隐芽大量萌发，抽生黄绿细小的枝丛。地下部染病，主要表现为根蘖丛生。枣疯病在山东过去多集中在鲁中南山区等长红枣区，黄河以北盐碱地的小枣及圆铃枣区则很难见到枣疯病病株，所以乐陵、庆云、无棣等盐碱地枣区百年以上的枣树很多。就品种而论，在同一条件下长红枣较小枣、圆铃枣抗病。

(2)防治方法：及时彻底地刨除病树，在生长季节保证田证无病树存在，结合枣树其他病虫害的防治，兼治传病叶蝉，数年后枣疯病便可得到有效控制。另外，要培育无病壮苗，嫁接繁殖苗木时，接穗可用盐酸四环素液浸泡1小时。

111. 枣缩果病如何防治?

(1)症状：该病主要危害果实，在发病初期有黄褐色不规则的小病斑，边缘比较清晰，随着病斑的扩大，汇合成不规则的云状病斑。有的病果从果梗开始有浅褐色条纹，排列整齐，果肉呈浅褐色海绵状坏死，坏死组织逐渐向深层延伸，有苦味。以后病部为暗红色，果面失去光泽，病果逐渐干缩、凹陷，果皮皱缩，极易剥落。

(2)防治措施：

①彻底清除病烂果，集中烧毁或深埋，以减少病菌。

②增施有机肥和磷、钾肥，合理施用氮肥和硼、钙等微量元素，以增强树势，提高树体抗病能力。

③搞好整形修剪，使树冠通风透光，对危害枣树的各种害虫，如叶蝉、龟蜡蚧、桃小食心虫等彻底防治。

④药剂防治。一般在7月底喷第一次药，隔7～10天再喷1～2次，常用药剂有大生M-45 600倍液、链霉素70～140国际单位/毫升、土霉素140～210国际单位/毫升。

112. 如何防治枣果炭疽病？

（1）症状：该病主要侵害果实，也能危害叶片。果实受害，最初出现褐色水浸状小斑点，病斑扩大后连成片，呈红褐色，引起落果，病果味苦。叶片受害后变成黄绿色，早落，多雨年份会加重发病。树势越强，发病率越低。

（2）防治措施：

①落叶后，将园内的落叶及落果集中烧毁或深埋。

②加强肥水管理，增施农家肥，促进树体健壮生长，提高树体的抗病能力。6月雨后每棵树施碳酸氢氨3千克，生长期间结合喷药，叶面喷施0.3%磷酸二氢钾3次。

③药剂防治。萌芽前喷一次5波美度石硫合剂，6月中旬喷一次200倍倍量式波尔多液。7月下旬、8月上旬喷一次杀菌剂，常用药剂有75%百菌清800倍液、65%代森锰锌500倍液、50%多菌灵800倍液。

113.吐丝危害枣花和果的枣花心虫怎么防治?

(1)发生规律:枣花心虫又名枣实虫、枣绮夜蛾,老熟幼虫体长10～15毫米,刚蜕皮时,虫体黄绿色,后背各节有成对近似菱形的紫红色斑块。幼虫在枣花期吐丝缠花,钻入花序丛中食害花蕊和蜜盘,故因此得名。枣果生长期,幼虫吐丝缠住果柄,然后蛀食枣果,使枣果黄萎,但不掉落。1年发生2代,以蛹在树干翘皮缝隙及树洞中越冬。5月上旬开始羽化为成虫,成虫产卵于结果枝、叶柄等处,少数产在叶片和蕾上。第1代幼虫5月下旬开始孵化,6月上中旬达危害盛期;第2代幼虫见于7月中旬至8月底,7月下旬为危害盛期。成虫对黑光灯、糖醋液有较强的趋性。

(2)防治方法:

①人工除蛹。在休眠期刮老树皮、封堵树洞,消灭越冬蛹。在幼虫老熟前,在树皮光滑的新枝基部绑草把,引诱老熟幼虫入草化蛹,在成虫羽化前解除草把集中烧毁,烧前注意取出天敌昆虫,如瓢虫、草蛉、蜘蛛等。

②5月开始,田间挂糖醋液罐和黑光灯诱杀成虫。

③在花期和幼果期,当幼虫开始危害时,树上喷洒25%灭幼脲悬浮剂2 000倍液,或35%氯虫苯甲酰胺水分散粒剂8 000倍液,或5%抑太保乳油1 000～2 000倍液,或20%杀铃脲悬浮剂8 000倍液。

114. 枣树上黏叶危害的枣黏虫如何防治?

(1)发生规律:枣黏虫又名枣镰翅小卷蛾、卷叶蛾、包叶虫、黏叶虫等,以幼虫食害枣芽、枣花、枣叶、枣果。危害叶片时,常吐丝将枣吊或叶片连在一起卷成团或小包,幼虫藏身于其中,将叶片吃成缺刻和孔洞。1年发生3代,以蛹在枝干的老翘皮下越冬,主干的粗皮裂缝内最多,主枝次之,侧枝最少。枣树芽萌动期,越冬蛹羽化为成虫并产卵于芽和光滑的小枝上,4～5月第1代幼虫危害幼芽和嫩叶。5月下旬至6月下旬出现第1代成虫,成虫产卵在枣叶上。成虫日伏夜出,有趋光性。第2代幼虫发生期在6月中旬,此时正值开花期,危害叶片、花蕾和幼果。

(2)防治方法:

①物理防治。早春刮树皮,消灭越冬蛹。用黑光灯和性诱剂诱杀成虫。秋季树干束草,诱杀越冬害虫。幼虫越冬前(8月中下旬),在枣黏虫第3代老熟幼虫越冬化蛹前,于树干或大枝基部束33厘米宽的草帘,诱集幼虫化蛹,10月以后取下草帘和贴在树皮上的越冬蛹茧集中烧毁。在枣黏虫第2～3代卵期,每亩释放松毛虫赤眼蜂3 000～5 000头。喷洒生物农药青虫菌、杀螟杆菌100～200倍液。

②化学防治。在枣树芽萌动期,结合防治绿盲蝽、枣瘿蚊,树上喷洒40%毒死蜱乳油1 000倍液或4.5%高效氯氰菊酯乳油2 000倍液+5%吡虫啉乳油3 000倍液;花期结合防治枣花心虫喷洒25%灭幼脲2 000倍液;幼果期

结合防治食心虫喷洒氯虫苯甲酰胺和溴氰菊酯，还可兼治枣尺蠖、介壳虫等。

115.爬行时出现弓腰的枣尺蠖如何防治?

(1)发生规律：枣尺蠖又名弓腰虫、顶门吃、枣步曲，幼虫绿色或黄色，并有黄黑色纵条纹和斑点，爬行时身体一伸一曲，故称其为“枣步曲”。主要以幼虫危害枣芽、花蕾及叶片，危害时还吐丝缠绕，阻碍树叶伸展。当枣芽萌动露绿时，初孵幼虫即开始危害枣芽，因此称之为顶门吃。严重时可将枣芽吃光，造成大量减产。每年发生1代，以蛹在树冠下1厘米深的土层中越冬。第2年3月下旬至4月上旬，当柳树发芽、榆树开花时，成虫羽化出土。雌蛾无翅，需要夜间上树产卵于枣树主干、主枝粗皮缝隙内，当枣芽萌动露绿时，卵开始孵化。当枣树展叶时，为卵孵化盛期，幼虫爬到枝条上危害叶片。

(2)防治方法：

①阻止雌成虫上树产卵和幼虫上树。成虫羽化前，在树干基部绑15～20厘米宽的塑料薄膜带，环绕树干一周，下缘用土压实，接口处钉牢，上缘涂上黏虫药，既可阻止雌蛾上树产卵，又可防止树下的幼虫孵化后上树。黏虫药剂的配制：黄油10份、机油5份、菊酯类药剂1份，充分混合即成。

②在3龄幼虫之前，树上喷洒25%灭幼脲Ⅲ号1 500倍液或20%虫酰肼2 000倍液1～2次，可有效地消灭枣尺蠖幼虫。

116. 怎么防治危害枣芽的象甲？

(1)发生规律：枣芽象甲又名枣飞象、枣月象、小灰象鼻虫，成虫体长约5毫米，灰色，鞘翅卵圆形，有纵列的刻点，散生褐色斑纹，腹面银灰色。以成虫在早春食害枣树嫩芽和幼叶，严重时可将嫩芽吃光，造成2次发芽。1年发生1代，以幼虫在土壤中越冬。翌年2月下旬至3月上旬化蛹，3月中旬至5月上旬成虫羽化。成虫羽化后即出土上树危害，羽化初期气温较低，成虫一般喜欢在中午取食危害，早晚多静伏于地面。但随着气温升高，成虫多在早晚活动，中午静止不动。成虫有受惊坠地假死的习性。

(2)防治方法：

①人工防治。成虫发生期，利用其假死性，可在早晨或傍晚人工捕杀。

②在成虫发生期，树上喷洒48%毒死蜱1 000倍液或2.5%高效氯氰菊酯1 500倍液，以杀灭成虫。

117. 如何防治危害枣树枝叶的枣虱子？

雌虫体长2.2～4.0毫米，体扁椭圆形，背覆白色蜡质介壳，介壳中部隆起似龟甲状。若虫扁平椭圆形，橙黄色，固定后分泌白色蜡质层，周边有14个蜡角，似星芒状。若虫在枝干、树叶上形成一个个的小白点吸食汁液，并分泌大量排泄物，诱发煤污病，造成大量落叶。1年发生1代，以受精的雌成虫在小枝条上越冬，当年生的枣头上最多。

次年3～4月开始取食，4月中下旬虫体迅速膨大，6月产卵在母壳中。6月下旬至7月上旬孵化出幼虫，幼虫爬出母壳后四处分散，然后在叶面上取食危害。此时是树上喷药防治的关键时期，有效杀虫剂为高效氯氰菊酯、吡虫啉、啶虫脒等。另外，枣树休眠期间可刮除越冬的雌成虫，结合枣树修剪去除虫枝。早春发芽前树上喷洒3～5波美度石硫合剂或5%机油乳剂＋40%毒死蜱乳油800倍液，可消灭越冬蜡蚧。

118. 如何防治枣大球蚧？

(1)发生规律：枣大球蚧又名枣瘤坚大球蚧，雌成虫半球形，体长8～18毫米，状似钢盔，成熟时体背红褐色，有整齐的黑灰色斑纹。以雌成虫和若虫在枝干上刺吸汁液，可危害枣、酸枣、梨、柿、核桃、苹果、桃等多种果树。1年发生1代，以2龄若虫于枝干皮缝、叶痕处群集越冬，1～2年生枝上虫量较多。枣树萌芽时幼虫开始活动取食，4月中下旬虫体迅速膨大，5月产卵于体壳下，6月卵大量孵化，新孵出的幼虫分散转移到枝条上危害。

(2)防治方法：

①芽萌动前，树上喷洒3～5波美度石硫合剂。萌动期，喷洒机油乳剂50倍液。

②夏季虫体膨大期至卵孵化前，人工刷抹虫体。初孵幼虫期，树上喷洒的药剂同枣龟蜡蚧。

119. 枣粉蚧如何防治?

(1)发生规律:枣粉蚧成虫扁椭圆形,体长约 2.5 厘米,背部稍隆起,密布白色蜡粉,体缘具有针状蜡质物,尾部有一对特长的蜡质尾毛。以成虫和若虫危害枝条、叶片,被害叶片枯黄,枣果萎蔫,造成树势减弱。1 年发生 3 代,以若虫在树皮缝中越冬,4 月开始活动,5 月上旬产卵,5 月中旬孵出第 1 代幼虫。

(2)防治方法:休眠期刮树皮,消灭越冬若虫。第 1 代若虫发生期进行喷药防治,药剂同枣龟蜡蚧。

120. 枣瘿蚊(枣蛆)如何防治?

(1)发生规律:枣瘿蚊别名卷叶蛆、枣芽蛆,以幼虫吸食枣树或酸枣嫩芽和嫩叶的汁液。叶受害后红肿,纵卷,叶片增厚,先变为紫红色,最终变成黑褐色,并枯萎脱落。1 年发生 5~6 代,以白色蛆状幼虫于树冠下的土壤内做茧越冬。枣芽萌动期羽化为成虫上树,产卵于嫩芽和未展开的幼叶内,孵化后幼虫直接取食叶片中的汁液,一片卷叶内常有数头幼虫危害。

(2)防治方法:

①成虫对黄色有趋性,因此在成虫发生期田间悬挂黄色黏虫板可诱杀枣瘿蚊成虫。

②幼虫发生初期,树上喷洒具有内吸、内渗作用的毒死蜱、啶虫脒、吡虫啉、阿维菌素等杀虫剂。

121. 如何防治枣锈壁虱？

(1)枣锈壁虱又名枣树锈瘿螨、枣瘿螨、枣锈螨、枣壁虱、枣灰叶、灰叶病等，以成螨和若螨刺吸危害枣、酸枣的芽、叶、花、蕾、果及绿色嫩梢，其中芽、叶、果受害最重。枣芽受害后，常延迟展叶抽条。叶片受害初期无症状，展叶后20天左右基部和主脉部分先呈灰白色、发亮，约40天后扩展至全叶，叶肉略微增厚，叶片质脆变硬，叶缘两侧沿主脉向叶面纵卷合拢。果实受害后常形成畸形果，果顶部或全部果面出现褐色锈斑，受害严重的整个果面布满锈斑或凋萎脱落。由于此虫个体很小，肉眼不易察觉，主要靠危害症状来诊断。1年发生多代，繁殖速度快，在枣树整个生长期均可危害，6～7月发生最重。

(2)防治方法：应及早防治，即在枣树开花前后各喷一次杀螨剂，可与防治红蜘蛛同时进行。有效杀螨剂为10%哒螨灵乳油2 000倍液、1.8%阿维菌素乳油3 000～5 000倍液、73%克螨特乳油1 000～2 000倍液。

122. 危害枣叶的红蜘蛛如何防治？

(1)在枣树上危害的红蜘蛛是朱砂叶螨和截形叶螨，它们的雌成螨身体均为红色，以若螨、成螨危害枣树叶片，被害叶由绿变黄，进而枯落，严重时整树叶片枯焦。1年发生多代，以卵或成螨在枝干皮缝或树洞内越冬。

(2)防治方法:

①休眠期刮除老树皮,集中焚烧。

②在红蜘蛛初发期,树上均匀喷洒73%克螨特乳油1 000倍液,或1.8%阿维菌素乳油4 000倍液,或15%哒螨灵乳油2 000倍液,或24%螺螨酯悬浮剂4 000～5 000倍液。

123. 如何防治造成枣树枝条死亡的枣豹蠹蛾?

(1)枣豹蠹蛾又叫截干虫,是危害枣树枝干的主要害虫之一,对新生枣头的危害很大。初孵幼虫褐色,后变为暗红褐色,老熟幼虫体长35～41毫米,全身紫红色。该虫1年发生1代,以幼虫在被害枝的虫道内越冬,第2年春天随天气转暖,幼虫继续蛀食木质部。受害枝上的芽多不萌发,随后干枯死亡,幼虫随之转枝危害。7月成虫从枝条内羽化出来,成虫具有趋光性,昼伏夜出,产卵在幼树或新生枣头的枝条上。幼虫孵化后直接蛀干危害,每隔一定长度,向外啃食洞口,排气和排粪。

(2)防治方法:

①由于被害枝上的叶片不落,冬春季修剪时注意剪除虫枝烧毁。枣树发芽后至6月中旬前彻底剪除被害虫枝(不发芽的枝),用高枝剪在枯枝下20～30厘米处剪下,随即集中烧毁。发现虫孔后,剖开枝干消灭其内的幼虫。

②成虫发生期,用黑光灯诱杀成虫,或树上喷洒4.5%高效氯氰菊酯乳油2 000倍液。

124. 绿盲蝽如何防治?

(1)绿盲蝽主要以成虫和若虫刺吸危害枣树的幼芽、嫩叶、花蕾、花蕊及幼果。枣树幼叶受害后,出现红褐色或黑色的散生斑点,斑点随叶片生长变成不规则的孔洞和裂痕,叶片皱缩变黄,也称为“破叶疯”。被害枣吊不能正常伸展而呈弯曲状,也称为“烫发病”。顶芽受害,不能发芽或抽生一个光杆儿枝条。花蕾被害后停止发育而枯死。幼果被害后,先出现黑褐色水浸状斑点,然后造成果面栓死,严重时僵化脱落。1 年发生 4～5 代,以卵在老翘皮下、枯枝、杂草和枝条残桩等处越冬。枣树萌芽时卵孵化出若虫危害新芽,随着虫体长大逐渐危害花果。

(2)防治方法:

①在枣树发芽前刮除老翘皮,彻底清除园内的枯枝、烂果及杂草,并剪除有卵的残桩,带出园外集中烧毁。

②设置杀虫带。在 4 月初用 20 厘米宽的塑料薄膜缠绕树干中部一周,薄膜上涂抹黏虫胶,可将绿盲蝽若虫黏死,并阻止其上树危害。

③4 月中下旬至 5 月上中旬是防治绿盲蝽越冬代若虫的关键时期,此期要每隔 5～7 天喷一遍 10%吡虫啉可湿性粉剂 3 000～4 000 倍液,或 2.5%溴氰菊酯乳油 2 000～3 000 倍液,或 40%毒死蜱乳油 1 000～1 500 倍液,并做到以上药剂交替使用,以防止产生抗药性。6 月上旬第 2 代绿盲蝽进入危害盛期,应连续喷 2～3 次药,药剂同上。喷药时注意喷洒树下的杂草与间作物。

125.石榴褐斑病如何防治?

(1)症状:石榴褐斑病危害叶片和果实,叶片染病后出现圆形或角状病斑,大小1～3毫米,紫褐色或近黑色,斑点中央有时呈浅褐色至灰褐色,边缘暗褐色或近黑色,叶背斑点灰褐色。果实染病产生红褐色斑点,多角形至不规则形。5月下旬开始发病,7～10月上旬出现大量落叶。病菌在病落叶上越冬,翌年春天条件适宜时产生分生孢子,借风雨传播。从伤口或穿过寄主表皮侵入,进行初侵染和多次再侵染,病菌先侵染植株下部的叶片,后迅速扩展。雨季利于该病扩展,是发病的高峰期,10月中下旬病情趋于停滞,高温不利于孢子萌发。

(2)防治方法:

①冬季清园时,清除病残叶、枯枝,集中烧毁,以减少菌源。

②选用白石榴、千瓣白石榴、黄石榴等较抗病品种。

③精心养护,植株密度适中,及时修剪使其通透性好,科学施肥,合理浇水,雨后及时排水,防止湿气滞留,增强抗病力。

④发病初期喷洒50%甲基硫菌灵·硫磺悬浮剂800倍液,或50%多菌灵可湿性粉剂800倍液,或25%苯菌灵·环已锌乳油800倍液,或15%亚胺唑可湿性粉剂1 000倍液,或40%氟硅唑乳油7 000倍液,或12.5%腈菌唑乳油4 000倍液,地面和树上同时用药效果更好。

126. 如何防治危害石榴花果的白腐病?

(1)石榴白腐病又叫石榴干腐病,主要危害花、花梗和果实。花梗、花托染病出现褐色凹陷,重病花提早脱落。果实染病病部变为灰黑色,松软,渐失水干缩,后期其上密生黑色小粒点,即病菌的分生孢子器。病菌以菌丝体或分生孢子器在病部越冬,翌年春天产生大量分生孢子,经风雨传播,进行初侵染和多次再侵染,造成该病扩展蔓延。一般果实长到七成大小时开始发病,进入 10 月病害扩展停滞。发病适温 24～28℃,气候潮湿利于分生孢子器形成。

(2)防治方法:

①及时清除病果,集中烧毁,以减少菌源。精心养护,合理施肥浇水,提高抗病力。

②开花前后喷洒 1∶1∶160 的波尔多液或 40%波尔多精可湿性粉剂 1 000 倍液。发病期喷洒 47%加瑞农可湿性粉剂 700 倍液,或 50%甲基硫菌灵可湿性粉剂 700 倍液,或 25%苯菌灵・环己锌乳油 800 倍液,隔 10～15 天一次,防治 3～5 次。

127. 如何防治危害石榴根系的线虫病?

(1)症状:石榴根结线虫主要危害石榴树根系,引起根部形成大小不同的根瘤,须根结成饼团状,使吸收根减少,从而阻碍根系吸收水分和养分。初发病时根瘤较小,白色至黄白色，以后继续扩大，呈结节状或鸡爪状，黄褐色，表面粗糙，易腐烂。发病树体的根较短，侧根和须根很少，发育差。根结线虫初侵染时一般不表现特殊症状，不易引起重视，常与干旱、营养不良及缺素症相混淆。随着根结线虫的不断繁衍，受害的可吸收根逐渐增多，树冠表现出树势衰弱的现象，即出现抽梢少、叶片小、叶缘卷曲、黄化、无光泽、开花多而挂果少、果实小、产量低等现象，并为干腐病的发生创造了条件，抗寒能力降低，遇低温易受冻害。受害较重的树枝枯叶落，甚至会引起整株死亡。

（2）发病规律：根结线虫 1 年发生多代，一般以卵或 2 龄幼虫于寄主根部或粪肥、土壤中越冬，主要通过水流，带有病原线虫的苗木、土壤、肥料、农具及人畜传播。条件适宜时，卵在卵囊中发育，孵化为幼虫，幼虫活动于土壤中并侵入根系，在根皮与中柱之间危害，刺激根组织过度生长，在根端形成不规则的根瘤。根结线虫病多发生在土质疏松、肥力低的沙土上，通气不良的黏土不利于发生。当地温高于 26℃或低于 10℃时，土壤相对湿度在 20%以下或 90%以上均不利于根结线虫侵入。总体来说，雨季来得早、雨量多的年份石榴树受害轻，灌溉条件好、保水性及保肥性好的石榴园受害轻。

（3）防治方法：

①加强苗木检疫，培育无病苗木。加强植物检疫，不从发病区调运苗木。在无病区建立育苗基地，繁殖无病苗木。必须对外来苗木进行检验，防止病苗传入无病区和新区。首先是要选择无病原线虫的苗圃地，应选用前茬为水

稻、玉米、小麦的土地扦插或播种。如果必须用发病地作苗圃，一定要进行土壤消毒处理，如高温暴晒、溴甲烷熏蒸土壤。对已发病的石榴苗，用1.8%阿维菌素乳油500倍液浸泡根系15分钟，然后进行移栽。

②农业防治。加强肥水管理，增施腐熟的有机肥，培育壮树，提高植株的抗病性。幼年石榴果园宜选择大蒜、大葱、洋葱、甘蓝、胡萝卜、萝卜、小麦、玉米等抗根结线虫的植物为间种作物；成年果园宜在田间播种猪屎豆、万寿菊等对根线虫有拮抗作用的植物。对于发病非常严重的植株，要及时清理。

③生物防治。根结线虫的天敌主要有真菌、细菌、病毒、立克氏体、放线菌、涡虫和原生动物等，目前在生产上试验示范及推广应用的生物制剂主要有线虫必克（厚垣轮枝菌）、壮根宝（淡紫拟青霉菌），同时含1.1%苦参碱的农药“绿丹”对根结线虫也有防效。

④药剂防治。石榴开花、结果时期主要施用低毒药剂，严禁施用高毒农药，以防止产生药害和引起人中毒。病树用1.8%阿维菌素乳油170克加50千克水浇施于主干周围15～20厘米深的耕作层，效果较好，且无残毒，对人、畜比较安全。春季用1.8%阿维菌素乳油600～1 000倍液在树冠外围挖环状沟灌药，然后用地膜覆盖保湿，有利于发挥杀虫效果，或用2%甲氨基阿维菌素4 000倍液加甲壳素灌根。采果后施基肥时加入5%特丁硫磷颗粒剂2～3千克/亩，或施入10%福气多颗粒剂1.5千克/亩。也可用2.5%菌线威WP1 500～3 000倍液，或50%辛硫

磷乳油 500 倍液，或 48%毒死蜱乳油 500 倍液灌根，每株用 2～3 千克药液。

128. 危害石榴树的棉蚜如何防治？

(1)症状：棉蚜以成虫、若虫群集在寄主的嫩叶、嫩芽、嫩茎、花蕾和花朵上刺吸汁液，使植株叶片变色、皱缩，甚至脱落。棉蚜分泌的黏液同时还可诱发煤污病。

(2)防治方法：

①早春发芽前树上喷洒 5 波美度石硫合剂，以消灭越冬卵。

②棉蚜发生盛期，树上喷洒 10%吡虫啉可湿性粉剂 4 500 倍液或 20%速灭杀丁乳油 2 000 倍液，可兼治绿盲蝽、叶蝉。

129. 石榴果上的钻心虫如何防治？

(1)桃蛀螟是石榴树最主要的蛀果害虫，该虫还危害板栗、桃、杏、向日葵、玉米等。石榴受其危害，果实腐烂，造成落果或干果挂在树上，失去食用价值。幼虫一般从花或果的萼筒，果与果、果与叶、果与枝的接触处钻入。卵、幼虫发生盛期一般与石榴花、幼果盛期基本一致，发生规律参见桃害虫部分的桃蛀螟。

(2)防治方法：

①清理石榴园，减少虫源。

②诱杀成虫。利用成虫的趋性，在园内设置黑光灯、

糖醋液、桃蛀螟性诱剂等诱杀成虫。

③石榴园四周种植向日葵诱集桃蛀螟，以减轻其对石榴的危害。

④果实套袋。石榴坐果后 60 天左右进行果实套袋，防止桃蛀螟产卵与危害。

⑤药剂防治。石榴坐果后，用 50%辛硫磷乳油 500 倍液浸泡棉球或和药泥堵塞萼筒。在成虫产卵盛期适时喷药，防止幼虫蛀果，药剂可选用 20%杀灭菊酯 2 500 倍液、50%辛硫磷 1 000 倍液、25%灭幼脲悬浮剂 1 500 倍液、35%氯虫苯甲酰胺水分散粒剂 8 000 倍液。

130. 如何防治躲藏在虫袋内的茶蓑蛾？

(1)茶蓑蛾俗名茶袋蛾、避债蛾、袋袋虫，幼虫体长 16～28 毫米，体肥大，头黄褐色，腹部棕黄色，各节背面均有 4 个黑色小突起。以幼虫取食危害石榴叶片，初孵幼虫吐丝将咬碎的叶片连在一起，做成褐色长梭形的丝质护囊，取食时头、胸部由护囊上端的开口伸出，腹部留在护囊内。初期食害叶肉，剩下上表皮，使叶面成为透明斑点，长大后食叶。

(2)防治方法：

①结合修剪，人工摘除护囊。

②在低龄幼虫期，树上均匀喷洒 25%灭幼脲悬浮剂 2 000 倍液，或 2.5%溴氰菊酯乳油 2 000 倍液，或 35%氯虫苯甲酰胺水分散粒剂 8 000 倍液。

131. 怎么防治危害板栗树枝干和苗木的疫病?

(1)症状:板栗疫病又名干枯病、胴枯病,主要危害苗木、大树的主干和枝条。发病初期枝干褪绿,病部出现水浸状病斑,后逐渐扩展,直至包围树干,并向上、向下蔓延。病部组织初期湿腐,有酒糟味,失水后,树皮干缩纵裂。病枝上的叶片变褐枯死,但长久不落。

(2)发病规律:板栗疫病的病原菌为真菌,病菌在发病部位越冬,3 月病菌开始由病组织释放,借雨水、风、昆虫和鸟类传播。经各种伤口侵入枝干,因此多发病在嫁接部位、锯剪口及其他机械损伤点,其中日灼、冻伤部及嫁接是常见的病菌侵入处。3 月底 4 月初开始见病斑,扩展迅速,到 10 月底逐渐停滞。远程传播主要通过苗木。病害的发生发展与大气的温湿度有密切关系,管理粗放、修剪过度、树势衰弱的树发病重。

(3)防治方法:

①加强管理。加强栗园土、肥、水管理,结合修枝、疏果促进栗园通风透光,增强树势,提高栗树的抗病能力。苗木嫁接时选用无病接穗,砧木选择抗病性强的种类。及时清除病株并集中烧毁。

②培土。在主干近地部位发病较多的栗园,可于晚秋进行树干培土,埋在土中的树皮一般不发病,故培土尽量高些。次年 4～5 月解冻后扒开。

③减少和保护伤口,防止病菌侵入。修剪伤口应及早用波尔多液或抗菌剂 401 等药剂消毒保护。冬夏树干刷

涂白剂,以防日灼和冻害。避免机械损伤,加强预防蛀干害虫。

④药剂防治。发现病斑,及时用快刀把病变组织刮除后用80%乙蒜素乳油200倍液涂抹病斑。发芽前用30%戊唑醇·多菌灵悬浮剂600倍液喷洒树干,发芽后再喷一次,30天后再喷一次。选用的药剂还有苯醚甲环唑+丙环唑、苯醚甲环唑、咯菌腈等。

132. 板栗炭疽病怎么防治?

(1)症状:板栗炭疽病主要危害板栗的果实、枝条、叶片,其中果实受害最重。栗叶受害后,叶脉间出现圆形或不规则的黄斑,后逐渐变为紫褐色,后期病斑中央灰白色,上生小黑点,天气潮湿时,小黑点上溢出棕色黏液状物。嫩枝受害,病斑黑色椭圆形,失水后病皮紧贴木质部,不脱落,病斑环绕一周后,枝干以上即逐渐枯死。栗蒲受害后,在蒲刺基部形成褐色病斑,后期病斑表面有小黑点。栗果发病多数在尖端,形成"黑尖"症状,少数在底部和侧面。种仁上的病斑圆形或近圆形,黑色或黑褐色,腐烂,后期失水干缩。

(2)发病规律:此病属真菌性病害,病菌在栗树枝干、落叶和病空蒲中过冬,其中在芽鳞中潜伏的量较大。翌年春夏,条件适宜时病菌产生分生孢子,随风雨传播。病菌从花期、幼果期即侵入幼苞,在果实生长后期表现症状,有的潜伏到贮藏期才发病。烈日灼伤、虫伤有利于病菌侵入。

(3)防治方法:

①加强田间管理。加强栗园土、肥、水管理,增强树势。清除病枯枝干和病落叶,以减少菌源。

②化学防治。发芽前喷一次5波美度石硫合剂,以杀灭在病枝上过冬的病菌。生长期间从5月底开始喷施药剂进行防治,每10～15天一次,可选用的药剂有65%代森锌可湿性粉剂600倍液、25%咪鲜胺乳油800倍液、25%戊唑醇水乳剂1 500倍液、50%多菌灵可湿性粉剂600～800倍液、70%代森锰锌可湿性粉剂600倍液等。

133. 板栗叶片上长白粉怎么防治?

(1)症状:这是板栗白粉病,主要危害树叶,也危害新梢和幼芽。发病初期,叶面先产生褪绿黄斑,随后很快出现灰白色粉斑,随病情的扩展,白粉逐渐布满全叶。新梢染病,病部也产生灰白色粉斑,受害嫩叶常皱缩扭曲。发病严重的叶片干枯或提前脱落,受害新梢枯死,造成栗树不能挂果或形成大量空苞。

(2)发病规律:引起板栗白粉病的是真菌,真菌在病叶和病梢上越冬,第2年4～5月释放出孢子,随风传播,从气孔侵入叶片或新梢和嫩芽。发病后病部不断产生分生孢子,在栗树生长期间发生多次侵染,造成白粉病不断扩展。秋冬清园不净、通风透光差的园片发病重,幼树和苗木发病重,大树发病轻。

(3)防治方法:

①清园。秋冬季落叶后对感病栗树进行修剪,剪除病

枝，清扫落叶，集中在园外焚烧深埋，彻底清除侵染源。

②药剂防治。在春季栗树展叶后，树上喷洒25%戊唑醇水乳剂2 000倍液，花后喷洒20%三唑酮可湿性粉剂2 500倍液或30%戊唑醇·多菌灵悬浮剂600倍液。

134. 贮运期间板栗种仁上长黑斑如何防治?

(1)症状:这是种仁斑点病，又名板栗黑斑病。病果在收获期与好果没有明显差别，而贮运期间在种仁上形成褐色或黑色小斑点，引起变质、腐烂，是板栗贮运期间的重要病害。贮藏温度在25℃左右时有利于病害发生发展，15℃以下时病害发展缓慢，5℃以下基本停止发展。种仁表面失水有利于病害发展，但失水过多病斑扩展缓慢。

(2)防治方法:

①在生长季节的5月底6月初即开始防治。在发病较重的园片，每10～15天喷一次药，可选用的药剂有75%百菌清可湿性粉剂600倍液、50%异菌脲可湿性粉剂1 000倍液、25%戊唑醇水乳剂1 500倍液。

②采收时，注意减少栗果的机械损伤。用7.5%盐水漂洗果粒，除去漂浮的病果粒，将好果粒捞出晒干、贮藏。

135. 危害板栗叶片的红蜘蛛如何防治?

(1)板栗红蜘蛛可危害板栗、白桦、橡树等，幼螨红色，若螨乳白色，成螨红褐色。1年发生多代，以红色球形冬卵在枝条上越冬，2～3年生的枝条上卵最多。板栗发芽时卵孵化，以幼螨、若螨、成螨刺吸嫩叶，板栗叶片受害后呈现苍白色斑点，尤其集中在叶脉两侧，以在叶片正面危害为主，严重时叶片枯黄，树势衰弱，果实瘦小。

(2)防治方法：

①保护天敌，如食螨瓢虫、草蛉、七星瓢虫、小黑花蝽、塔六点蓟马、大黑蜘蛛等。

②板栗展叶后至开花前，树上喷洒1～2次杀螨剂，有效药剂为2.5%灭扫利乳油2 000倍液、20%扫螨净乳油2 000～3 000倍液，还有三唑锡、尼索朗、螺螨酯、克螨特。

136. 危害板栗的黑色蚜虫如何防治？

(1)危害板栗的黑色蚜虫是栗大蚜，又名大黑蚜虫。无翅成蚜体长3～5毫米，黑色，腹部肥大呈球形。卵长椭圆形，长约1.5毫米，初为暗褐色，后变黑，有光泽，单层密集排列在枝干背阴处和粗枝基部。以成虫和若虫群集在嫩枝和叶片背面刺吸栗树汁液。栗大蚜1年可发生10多代，以卵在栗树枝干的裂缝中越冬。次年3月底至4月上旬越冬卵孵化，4月底至5月上中旬达到繁殖盛期，也是全年危害最严重的时期。

(2)防治方法：

①冬剪时注意刮除枝干上的黑色越冬卵块。

②成虫和若虫群集在树枝上时，树上喷洒10%吡虫啉可湿性粉剂5 000倍液或3%啶虫脒乳油2 000倍液，可兼治斑衣蜡蝉。

137. 如何防治危害板栗果实的象甲?

(1)主要指栗实象甲,又名象鼻虫。成虫体黑色,体长6.5～9.0毫米,前胸背板密布黑褐色绒毛,两侧有半圆点状的白色毛斑。以幼虫蛀食果实,在栗果内形成虫道,粪便排于虫道内而不排出果外,受害果实易霉烂变质。2年完成1代,以老熟幼虫在土中做土室越冬。

(2)防治方法:

①及时拾取落地的虫果,集中烧毁或深埋,以消灭其中的幼虫。还可利用成虫的假死习性,在发生期摇树,虫落地后捕杀。

②将新脱粒的栗果放在密闭条件下(容器、封闭室或塑料帐篷内),用56%磷化铝片剂按21克/立方米的用量处理24小时,防治效果达95%以上。

③上年发生严重的栗园,在6～7月成虫出土期,地面喷洒5%辛硫磷微胶囊剂100倍液。

④成虫产卵期,树上喷洒2.5%溴氰菊酯乳油或4.5%高效氯氰菊酯乳油2 000倍液,可兼治桃蛀螟。

138. 如何防治板栗剪枝象鼻虫?

(1)成虫黑蓝色,具有金属光泽,密生银灰色茸毛。以成虫咬断果枝,造成大量栗苞脱落或倒挂在树上,幼虫在坚果内取食。1年发生1代,以老熟幼虫在土中做土室越冬,6～7月成虫出来上树危害。

(2)防治方法:

①及时拾取落地的虫果,集中烧毁或深埋,以消灭其中的幼虫。还可利用成虫的假死习性,在发生期摇树,虫落地后捕杀。

②药剂防治。参照栗实象甲的防治。

139. 桃蛀螟怎么防治?

(1)桃蛀螟以幼虫蛀食栗果,对产量、质量影响很大。1年发生3～4代,第3代、第4代对板栗的危害最大。老熟幼虫在果树翘皮裂缝、落果中越冬,还在附近的玉米秸、向日葵花盘和秆内越冬。7月下旬出现的第2代成虫在板栗苞针刺间产卵,幼虫孵化后蛀食栗果。蛀孔深而粗,孔外排有大量褐色虫粪。1头幼虫可连续危害2～3个栗果,并可持续危害到收获后的贮藏期。

(2)防治方法:

①冬季清除林间落果,集中烧毁或深埋。

②7月成虫发生期,田间开始挂桃蛀螟性诱芯诱杀成虫。8月上旬,用2.5%溴氰菊酯乳油2 000倍液喷雾防治。采收后带蒲存放时,用25%灭幼脲悬浮剂2 000倍液或35%氯虫苯甲酰胺水分散粒剂6 000倍液浸泡或喷洒栗果和苞。

140. 如何防治危害栗果的栗皮夜蛾?

(1)栗皮夜蛾是危害板栗果实的主要害虫之一,初孵

幼虫淡褐色，后变为褐色或绿褐色。以幼虫蛀食栗蓬和栗果，粪便排在蛀孔处的丝网上，蓬刺变黄，干枯脱落，并可啃食嫩树皮、雄花絮、穗轴及叶柄。在山东1年发生2～3代，以幼虫在被害栗蓬总苞内越冬。第2年6月上中旬进入产卵盛期，7月下旬至8月上旬为幼虫蛀蓬盛期。第2代成虫羽化盛期为8月底至9月中旬，成虫产卵在蓬刺端部，幼虫孵化后先食蓬刺，后转食蓬皮，最后蛀入栗果。

(2)防治方法：

①根据栗皮夜蛾危害栗苞落地的特点，及时拾取落地虫苞，集中处理，消灭其中的幼虫。清除枯枝落叶，集中烧毁或深埋，消灭在此越冬的蛹。

②成虫产卵盛期和幼虫孵化期(5～6月)，往树上喷药防治卵和幼虫，选用药剂同桃蛀螟。

141. 危害板栗新梢的金龟甲如何防治?

(1)危害板栗新梢的主要是大黑鳃金龟，俗称铜克朗。成虫体长17～21毫米，宽8.4～11.0毫米，长椭圆形，黑褐色，有光泽，两鞘翅表面均有4条纵肋。5月中下旬以成虫危害板栗嫩芽、嫩叶，特别是危害板栗结果母枝的两个顶芽后，抽生的下部枝条不能形成结果枝，重者全株嫩叶和顶梢被吃光。1～2年发生1代，以幼虫和成虫在土中越冬。5～7月成虫大量出现，成虫有假死性和趋光性，并对未腐熟的厩肥有强烈趋性，白天藏在土中，晚8～9时为取食、交配活动盛期。

(2)防治方法:

①利用金龟甲成虫的假死性,采取振落法人工捕杀。

②利用成虫的趋光、趋化性,用灯光和糖醋液诱杀。

③成虫发生期可往树叶上喷洒40%毒死蜱乳油1 000倍液或50%辛硫磷乳油800倍液。

142. 危害板栗雄花穗的金龟子需要喷药防治吗?

危害板栗雄花穗的金龟子是小青花潜金龟,成虫绿色或暗绿色,腹面黑褐色,具有光泽,体表密布淡黄色毛和白色斑块。由于板栗雄花大、数量多,虫量少时对板栗授粉影响不大,不需要喷药防治。如果虫量大、危害重,则需树上喷药防治,防治药剂同大黑鳃金龟。

143. 如何防治危害板栗新梢的栗大蝽?

栗大蝽的体型大于黄斑蝽,体色鲜艳,腹面绿色闪光。该虫主要危害板栗新梢,造成折梢。可以人工捕杀,也可以树上喷洒2.5%敌杀死乳油1 000倍液或40%毒死蜱乳油1 000倍液。

144. 危害板栗的介壳虫如何防治?

(1)症状:板栗上常见的介壳虫有栗链蚧、白生盘蚧、球坚蚧等,虫体大小不一,但都群居于栗树枝条、新梢、嫩叶上危害,吸取树体汁液。栗树枝条受害后表皮下陷、干裂,停止生长,逐渐枯死,严重的整株死亡,给板栗生长带

来很大的危害。

(2)防治方法：

①结合冬季修剪，剪除虫枝，集中烧毁。用刀刮除介壳虫。

②3 月下旬在树干上打孔，注射 1∶1的吡虫啉药液，或用 40%速扑杀乳油 1 000～1 500 倍液喷雾于枝干上。

③5 月中旬若虫孵化盛期，树上喷洒 4.5%高效氯氰菊酯乳油 2 000 倍液或 3%啶虫脒乳油 2 000 倍液。

145. 使板栗枝梢形成瘿瘤的栗瘿蜂如何防治?

(1)栗瘿蜂又名栗瘤蜂，主要危害板栗，也危害锥栗及茅栗。1 年发生 1 代，以初龄幼虫在被害芽内越冬。春季当栗芽萌动时开始取食危害，被害芽逐渐膨大而形成小枣大小的木质化瘿瘤，瘤子多位于小枝、叶柄、叶脉上。5 月下旬至 6 月上旬成虫羽化飞出产卵，初孵幼虫蛀入芽内取食、越冬。

(2)防治方法：

①4 月中下旬人工摘除虫瘿，集中烧毁，以消灭幼虫。

②6 月成虫羽化盛期，树上喷洒 2.5%溴氰菊酯乳油 2 000 倍液或 40%辛硫磷乳油 1 000 倍液。

146. 如何防治危害桃果的桃褐腐病?

(1)症状：桃褐腐病是危害桃果的病害，也危害花、叶片和新梢。果实被害，最初在果面上产生褐色圆形病斑，如环境适宜，病斑在数日内便可扩及全果，果肉也随之变褐软腐；后期在病斑表面生出灰褐色绒状霉丛，常呈同心轮纹状排列，病果腐烂后易脱落，但不少失水后变成僵果，悬挂在枝上经久不落。花部受害，自雄蕊及花瓣尖端开始，先发生褐色水浸状斑点，后逐渐蔓延至全花，随即变褐枯萎。嫩叶受害，自叶缘开始，病部变褐萎垂，最后病叶残留在枝上。

(2)发病规律：桃褐腐病的病原为真菌。病菌在僵果或枝梢的溃疡部位越冬，第 2 年春季产生大量分生孢子，通过风、雨、昆虫传播，经虫伤、机械伤口或皮孔侵入果实，也可以直接从柱头、蜜腺侵入花器造成花腐，再蔓延到果柄和枝梢。在适宜的条件下，病果、病花表面会长出大量分生孢子，引起再次侵染。桃树开花期及幼果期如遇低温多雨，果实成熟期又逢温暖、多云多雾、高湿度的环境条件，则发病严重。前期低温潮湿容易引起花腐，后期温暖多雨、多雾则易引起果实腐烂。果实贮运中如遇高温高湿，则有利于病害发展。一般在 4 月上旬幼果期开始发病，5 月上旬至成熟期为发病盛期，造成大量烂果。

(3)防治方法：

①消灭越冬菌源。结合冬季修剪，彻底清除树上的枯枝、僵果和地面上的枯枝落叶，集中处理，深埋，以减少越冬菌源。

②套袋保护。有条件的果园，可在 5 月上中旬进行套袋保护，套袋前一定先均匀喷洒药剂防护。

③药剂防治。萌芽前喷 5 波美度石硫合剂，以杀灭越

冬病菌。落花后10天左右开始喷施药剂，每10～15天进行一次。可选用的药剂有50%多菌灵700倍液、70%甲基托布津800倍液、50%扑海因可湿性粉剂1 000倍液、25%戊唑醇水乳剂1 500倍液、80%代森锰锌可湿性粉剂800倍液、50%速克灵1 000倍液等。

④加强果园管理，提高树体的抗病能力。增施磷钾肥、硼肥和有机肥，做好疏花疏果和整枝工作，除冬剪外，应于5月中旬至6月中旬分两次进行夏剪，摘除背阳枝、徒长枝，改善桃树的通风透光条件，创造不利于病菌生长的环境条件，减少病害的发生。

147. 如何防治危害桃果实的炭疽病?

(1)症状：桃炭疽病主要危害果实，也能侵害叶片和新梢。幼果染病，果面暗褐色，发育停滞，逐渐萎缩硬化，形成僵果残留于枝条上。膨大期果实染病，初期果面产生淡褐色水浸状斑，后期随果实膨大，病斑也扩大成圆形或椭圆形，呈红褐色并凹陷，斑上有明显的同心环纹状皱纹。气候潮湿时，在病斑上长出橘红色小粒点。被害果除少数干缩而残留在枝梢上外，绝大多数都提前脱落。果实近成熟期发病，果面症状除与前述相同外，其特点是果面病斑显著凹陷，呈明显的同心环状皱缩，并常汇合成不规则的大斑，最后果实软腐，多数脱落。新梢被害，出现暗褐色略凹陷的长椭圆形病斑。病梢多向一侧弯曲，叶片萎蔫下垂，纵卷成筒状，严重者枯死。

(2)发病规律：病原菌为真菌，病菌在病枝、病果或僵果内越冬。翌春条件适宜时产生分生孢子，随风雨或昆虫传播到枝条、叶片和幼果上，引起初侵染。该病在条件适宜的情况下反复侵染，可危害整个生长期。桃树自开花至幼果期低温多雨有利于发病，果实成熟期高湿温暖发病重，一般栽植过密、排水不良的果园发病重。

(3)防治办法：

①选栽抗病品种。发病严重的地区，选择抗病品种，如玉露、红桃等。

②清洁果园。结合冬季修剪，彻底清除树上、树下的病稍、枯死枝、僵果等，集中烧毁或深埋。

③加强田间管理。注意及时排水，增施磷、钾肥，提高树体的抗病性。

④药剂防治。桃芽萌动前喷一次30％戊唑醇·多菌灵悬浮剂600倍液。自花后10天开始喷药，每10～15天一次，可选用的药剂有25％咪鲜胺乳油800倍液、70％丙森锌可湿性粉剂600倍液、25％戊唑醇水乳剂1 500倍液、50％多菌灵可湿性粉剂600倍液等。

148. 如何防治桃软腐病？

(1)症状：桃软腐病主要危害果实，成熟期或贮运期间易染病，初生病斑浅褐色、水浸状、圆形至不规则形，后期扩展很快，病部长出疏松的白色至灰白色棉絮状霉层，果实呈软腐状，后产生暗褐色至黑色毛状霉。

(2)发病规律：病原为真菌，该菌广泛存在于空气、土壤、落叶、落果中，通过气流、降雨传播。在高温高湿的条

件下极易从成熟果实的伤口侵入果实，4～5 天后病果即可全部腐烂，也可通过病健果接触传播蔓延。温暖潮湿有利于发病，有时和桃褐腐病混合发生。

(3)防治方法：

①加强田间管理。增施有机肥和磷、钾肥，适时浇水，使果实发育良好，减少裂果。雨后及时排水，防止湿气滞留，合理修剪，改善通风透光条件。喷施果蔬钙、氨基酸钙等钙肥，以提高果实的硬度，减缓果实衰老，增强抗病力。

②采收、贮运过程中要想方设法减少伤口。单果进行包装，防止果实摩擦与交互感染。

③药剂防治。在桃果近成熟时喷洒 25%嘧菌酯 1 200 倍液，或 50%扑海因可湿性粉剂 1 500 倍液，或 50%速克灵可湿性粉剂 1 200 倍液，或 25%戊唑醇水乳剂 1 500 倍液，或 25%吡唑醚菌酯 3 000 倍液，或 60%百泰水分散粒剂 1 200 倍液等，可减少发病。采摘后的果实，用山梨酸钾 500～600 倍液浸泡后装箱，可减少贮运期间的侵染。套袋果实要在解袋后一天内喷上药剂。

④及时采收。一般八成熟即可采摘，防止过熟，注意在低温下进行贮藏和运输。

149. 桃穿孔病怎么防治?

(1)症状：桃树上发生的穿孔病可分为真菌性穿孔病和细菌性穿孔病两种，真菌性穿孔病主要是褐斑穿孔病，有时也发生霉斑穿孔病。

①细菌性穿孔病。该病主要危害叶片，也危害果实和

枝梢。叶片受害，初为水浸状小病斑，后发展成深褐色，周围有淡黄色晕圈，边缘发生裂纹，病斑脱落后形成穿孔或一部分与叶片相连，病斑约 2 毫米。果实受害，病斑深褐色，稍凹陷，边缘水浸状，潮湿时，病斑出现菌脓，干燥时发生裂纹。枝条染病有春、夏两种病斑，春季溃疡发生在上一年夏季生出的枝条上，病菌侵入后，翌年春季在枝条上形成暗褐色小疮疹，扩大后可造成枯枝。夏季溃疡多发生在夏末当年生的新梢上，以皮孔为中心形成暗紫色斑点，扩大后稍凹陷，颜色变深，外缘水浸状。

②褐斑穿孔病。该病主要危害叶片，也危害枝梢和果实。叶片受害，两面均产生圆形或不规则形病斑，边缘有轮纹，外围紫色，后期病斑上生出灰褐色霉层，病斑直径 1～4 毫米，病斑中部干枯脱落形成穿孔。新梢和果实受害，病斑与叶片相似，也产生灰褐色霉层。褐斑穿孔病的寄主范围较广，除危害桃树外，也危害樱桃、梅、杏、李等多种果树和花卉。

(2)发生规律：①细菌性穿孔病是由细菌引起的，病菌在被害的枝条组织中越冬，翌春条件适宜时病组织内的细菌开始活动，桃树开花前后，病菌从病组织中溢出，借风雨或昆虫传播，经叶片的气孔、枝条的芽痕和果实的皮孔侵入。春季溃疡斑是该病的初侵染源。夏季气温高，湿度小，溃疡斑易干燥，外围的健康组织很容易愈合，溃疡斑中的细菌在干燥条件下 10～13 天即死亡。气温 19～28℃、相对湿度 70%～90%有利于发病。该病一般 5 月出现，7～8 月发病严重。温度适宜、雨水频繁或多雾季节发病

重，排水不良、通风透光差发病重。

②褐斑穿孔病为真菌性病害，病菌在病叶上或枝条病组织内越冬。第二年气温回升、遇降雨时，病菌释放分生孢子，借风雨或气流传播，侵染叶片。一般在5～6月开始发病表现症状，7～8月为发病盛期，至10月亦可侵染发病。低温多雨有利于病害发生和流行。

(3)防治方法：

①加强桃园管理，增强树势。注意排水，增施有机肥，合理修剪，使果园通风透光。

②清洁果园。结合冬季修剪，剪除病枝，清除落叶，集中烧毁。

③喷药防护。早春桃树萌芽前，可喷4～5波美度石硫合剂、1∶1∶100的波尔多液。花后10天开始喷药，每10～15天喷一次。对细菌性穿孔病有效的药剂为72％农用硫酸链霉素可溶性粉剂3 000倍液、3％中生菌素可湿性粉剂800倍液，对褐斑穿孔病有效的药剂为60％百泰水分散粒剂1 000倍液、70％品润干悬浮剂700倍液、25％凯润乳油3 000倍液、25％戊唑醇水乳剂1 500倍液、70％代森锰锌可湿性粉剂700倍液等。

150. 怎样防治桃果上的疮痂病？

(1)症状：桃疮痂病又名桃黑星病，主要危害果实，其次危害新梢、果梗和叶片。果实发病多在果实肩部，先产生暗褐色圆形小点，后生出黑痣状、直径2～3毫米的斑点，发病严重时病斑相连成片。由于病斑扩展仅限于表皮组织，当表皮组织枯死变干时，果肉仍可继续生长，因此病斑龟裂，呈疮痂状。新梢受害后，病斑初呈圆形、浅褐色，边缘紫褐色，到秋季后病斑颜色加深，稍隆起，常引起流胶。翌年春季，病斑呈卵圆形至长圆形，灰色，病部有小黑点，病斑长5～7毫米、宽3～4毫米。果梗受害，常导致果实脱落。叶片受害，叶片背面受侵染，病斑近圆形，一般不超过5毫米，病斑初期暗绿色，轮廓不明显，而后变为褐色或紫红色。发生严重时，病斑干枯脱落而形成穿孔，甚至会引起落叶。该病还危害杏、李、扁桃、油桃等核果类果树。

(2)发病规律：该病害属真菌性病害，病菌在病枝梢表皮中越冬，成为下年的初侵染源。翌春气温高于10℃时越冬病菌产生分生孢子，随风雨传播，分生孢子侵染果实后，潜育期可达20～70天，在新梢及叶片上潜育期为30～40天。果实上产生的分生孢子有再侵染能力，可造成对晚熟品种的再侵染。一般6月开始发病，7～8月为发病盛期。春夏多雨易发病，桃园低洼、栽植过密发病重。早熟品种一般不发病或发病较轻，中晚熟品种发病较重。

(3)防治方法：

①加强栽培管理。雨后及时排水，合理修剪，防止枝叶过密，做到通风透光，减轻发病程度。

②清洁果园。结合冬剪，剪除病梢。彻底清扫园内的枝条、落叶，集中烧毁或深埋。

③药剂防治。在桃树萌芽前可喷3波美度石硫合剂，桃树谢花7～10天后喷保护性药剂。可选用的药剂有

80%大生可湿性粉剂 600～800 倍液、10%世高水分散颗粒剂 4 000 倍液、70%甲基托布津可湿性粉剂 800 倍液、50%多菌灵可湿性粉剂 800 倍液、25%嘧菌酯悬浮剂 1 000 倍液、25%戊唑醇水乳剂 1 500 倍液、40%氟硅唑乳油 6 000 倍液等。一般间隔 10～15 天喷一次药，直至收获，上述药剂应交替使用。

④果实套袋。在疏果定果后进行果实套袋，果实套袋不但能有效控制疮痂病的发生，也阻隔了其他病虫害。6 月上旬之前成熟的品种可不套袋，6 月中旬以后成熟的品种套袋，套袋前全园彻底喷一遍杀菌杀虫剂，待药液干后即可套袋。

151. 桃缩叶病怎么防治？

(1)症状：桃缩叶病主要危害叶片，也危害嫩梢和幼果。春季嫩叶刚抽出即呈现症状，最初叶缘向后卷曲，颜色发红，并呈现波纹症状。展叶后皱缩程度加剧，叶面凹凸不平，受侵害部位叶肉增厚变脆，呈红褐色。病情严重时，全株叶片变形，枝梢枯死。春末夏初，叶片表面长出一层灰白色的粉状物，最后叶片变褐，焦枯脱落。落叶后再发生的新叶因气温升高将不再干枯脱落。幼果发病，病斑黄色或红色，略凸起，随着果实发育而增大，逐渐变成畸形，茸毛脱落，果面光滑，果实易脱落。嫩梢染病后，呈灰绿色或黄色，节间缩短，略肿大，表面有一层白粉，顶叶丛生，重病枝逐渐萎垂枯死。除危害桃外，缩叶病还可危害李、樱桃、杏等。

(2)发病规律：桃缩叶病的病原为真菌，病菌在桃芽鳞片上、鳞片缝内或枝干的病皮中越冬。翌年春季桃树萌芽时，病菌即侵染嫩芽、幼叶引起发病，初侵染后产生新的子囊孢子和芽孢子，通过风雨传播后潜伏在新芽鳞上越冬。一般 3 月下旬开始发病，4～5 月为发病盛期，6 月停止发展。低温多湿有利于病害发生，桃芽膨大、展叶时如遇连续降雨，湿度高，温度在 10～16℃时将引起病害大流行。一般早熟品种易感病，中晚熟品种发病轻。

(3)防治方法：

①加强桃园管理。发病重的果园应及时追肥、灌水，增强树势，提高抗病力。

②清除初侵染源。在病叶表面还未形成白色粉状物前及时摘除，以减少当年的菌源。

③药剂防治。在桃花芽露红而未开绽前，周密细致地喷药即可铲除树上的越冬菌源。可选用 70%甲基硫菌灵可湿性粉剂 800 倍液、70%代森锰锌可湿性粉剂 600 倍液、30%戊唑醇·多菌灵悬浮剂 1 000 倍液、25%戊唑醇水乳剂 1 500 倍液等。

152. 钻蛀危害桃果的桃蛀螟如何防治？

(1)桃蛀螟又名桃斑螟、桃蛀心虫、桃蛀野螟、桃实螟蛾，除危害桃、杏、石榴、板栗、梨、柿、核桃、无花果等果树外，还危害玉米、向日葵、高粱。成虫体长约 12 毫米，全身鲜黄色，前后翅上散生许多小黑斑。幼虫老熟时体长 15～20 毫米，体背淡红色，各体节都有粗大的灰褐色斑。幼虫

孵化后多从果柄部或果与叶、果与果相接触处蛀入，蛀入后直达果心，被害果内和果外都有大量虫粪和黄褐色胶液。幼虫老熟后多在果柄处或两果相接处化蛹。

(2)防治方法：

①果园周围和园内尽量不种植玉米、高粱，如果种植，收获的秸秆不可堆放在园内及附近。在桃园内种植少量向日葵，把桃蛀螟吸引到向日葵上产卵，然后集中喷药防治。

②利用性诱剂诱捕成虫，搞好测报工作。待连续诱捕到成虫时，树上喷洒杀虫剂，适用药剂为20%氰戊菊酯乳油、2.5%溴氰菊酯乳油、4.5%高效氯氰菊酯乳油、氯虫苯甲酰胺、灭幼脲、杀铃脲等。

153. 怎么防治卷叶危害的黑星麦蛾？

(1)黑星麦蛾又名苹果黑星麦蛾、黑星卷叶芽蛾、黯星卷叶蛾，老熟幼虫体长10～11毫米，腹部背面有7条黄白色纵条和6条淡紫褐色纵条相间排列，腹面有2条乳黄色纵带，可危害桃、李、杏、樱桃、苹果、梨、海棠、山定子等，以幼虫卷叶危害。幼虫在新梢上吐丝连接叶片做巢，内有白色细长的丝质通道，并夹有粪便，虫苞松散。1年发生3～4代，以蛹在树下的杂草内越冬，春季果树萌芽时羽化为成虫，产卵于新梢顶部叶柄的基部，4月中旬卵孵化为幼虫取食嫩叶。

(2)防治方法：

①果树休眠期清除树下的落叶和杂草，集中深埋或烧

毁，以消灭越冬蛹。

②生长季节，田间发现卷叶及时摘除，杀死其内的幼虫。

③成虫盛发期，树上喷洒 25%灭幼脲悬浮剂 2 000 倍液，或 4.5%高效氯氰菊酯乳油 2 000 倍液。幼虫发生期，喷洒 40%毒死蜱乳油 1 500 倍液。

154. 引起桃树卷叶的绿色虫子如何防治?

(1)引起桃树卷叶的绿色虫子是苹小卷叶蛾，又名棉褐带卷蛾、远东苹果小卷叶蛾、茶小卷叶蛾、舔皮虫，以幼虫危害桃、苹果、李、杏、海棠、樱桃等果树的叶片、果实，通过吐丝结网将叶片连在一起，造成卷叶，还常在叶与果、果与果相贴处啃食果皮，呈小坑洼状。该虫 1 年发生 3～4 代，以 2 龄幼虫在果树裂缝、翘皮下及剪锯伤口等缝隙内和黏附在树枝上的枯叶下结白色丝质茧越冬。越冬幼虫于桃树发芽时出蛰，先在果树新稍、顶芽、嫩叶上进行危害。幼虫稍大时将数个叶片用虫丝连在一起，形成虫苞。

(2)防治方法基本同黑星麦蛾，还可以利用性诱剂、糖醋液、黑光灯诱杀成虫。

155. 如何防治潜叶蛀道危害的桃潜叶蛾?

(1)桃潜叶蛾成虫银白色，幼虫细长，全身淡绿色，头淡褐色。以幼虫潜入叶片内取食叶肉而形成线形弯曲的虫道，虫道常使叶片枯死脱落成孔洞或破裂，粪便充塞在

虫道内，致使叶片破碎、干枯脱落。该虫 1 年发生 7～8 代，以成虫在落叶、杂草、土块、石块下，树皮缝、墙缝内越冬。翌年 3 月下旬成虫开始出蛰活动，卵散产在叶表皮内，孵化后幼虫在叶肉内潜食。幼虫老熟后钻出，多于叶背吐丝结白色工字形的茧化蛹，少数于枝干上结茧化蛹。

(2)防治方法：

①桃树休眠期清除落叶和杂草，集中处理，消灭越冬虫源。

②3～9 月，在田间用桃潜叶蛾性诱剂诱杀成虫。成虫盛发期，树上均匀喷洒 48%毒死蜱乳油 1 000 倍液或 20%甲氰菊酯(灭扫利)乳油 1 500 倍液。幼虫盛发期喷洒 1.8%阿维菌素乳油 3 000 倍液。

156. 危害桃树新梢的梨小食心虫如何防治?

(1)梨小食心虫又名桃折心虫、打梢虫，简称“梨小”，以幼虫在桃树生长期间危害新梢顶端，嫩梢受害后很快枯萎，幼虫转移到另一枝条的嫩梢上危害，每个幼虫可食害 3～4 个新梢。

(2)防治方法：

①4～8 月，在田间使用梨小食心虫性诱剂诱杀成虫。

②在成虫产卵期和幼虫孵化期，当蛀梢率达 0.5%～1.0%时喷药防治，药剂可选用 20%速灭杀丁乳油2 500 倍液，或 20%灭扫利乳油 2 500 倍液，或 4.5%高效氯氰菊酯乳油 1 500 倍液，或 25%灭幼脲悬浮剂 2 500 倍液，或 2.5%功夫乳油 3 000 倍液。

157. 桃树枝干上出现许多小虫眼如何防治?

(1)一般情况下,桃树枝干上的许多小虫眼是由桃小蠹造成的。该害虫以成虫和幼虫蛀食枝干韧皮部和木质部,在树皮层下形成蛀道,其中母坑道1个,纵长约4厘米,子坑道长4～5厘米,多密集分布于母坑道两侧。除危害桃树外,还可以危害樱桃、梨、杏、苹果、李,常造成枝干枯死。1年发生1代,以幼虫于蛀道内越冬。翌春化蛹,成虫羽化后咬圆形孔爬出,故造成枝干上出现许多小虫眼。5～6月成虫交配,多选择在衰弱的枝干上产卵,幼虫孵出后蛀入皮层危害。

(2)防治方法:

①结合修剪,彻底剪除虫枝和衰弱枝,集中处理。

②成虫羽化前,田间放置半枯死或剪掉的大树枝,诱集成虫产卵,产卵后集中处理。

③成虫发生期,用50%辛硫磷乳油1 200～1 500倍液,或2.5%溴氰菊酯乳油1 500～2 000倍液,或4.5%高效氯氰菊酯1 500～2 000倍液喷洒树体,重点喷洒枝干。

另外,造成枝干出现许多虫眼的还有一种害虫是金缘吉丁虫,俗称串皮虫。该虫以幼虫蛀食桃树枝干,表皮稍下陷,被害枝上常有扁圆形的羽化孔。发生特点和防治方法参见梨树害虫部分的金缘吉丁虫。

158. 桃核内的生白色虫子怎么防治?

(1)桃核内的白色虫子是桃仁蜂的幼虫,虫体乳白色,

纺锤形，两端向腹面弯曲呈C形。桃仁蜂1年发生1代，以老熟幼虫于被害果核内越冬。翌年5月中旬开始羽化为成虫飞出桃核，当桃果长到枣果大小时成虫发生最盛，并产卵于幼果内。孵出的幼虫在桃仁内蛀食，桃仁蜡熟时（7月中下旬）幼虫老熟，此时桃仁多被食尽，致使桃果成为灰黑色僵果而脱落，少量被害僵果残留在枝上至次年桃树开花结果后也不脱落。

（2）防治方法：

①秋季桃树落叶后彻底清理桃园，捡拾落果，摘除树上的僵果，集中烧毁。

②成虫发生期，树上喷洒4.5%高效氯氰菊酯乳油2 000倍液或40%毒死蜱乳油1 000倍液，7天内连续喷洒2次。

159. 如何防治危害桃叶的浮尘子？

（1）通常情况下，危害桃树的浮尘子是指桃一点叶蝉，又叫小绿叶蝉。成虫体长3.0～3.3毫米，全身黄绿色或暗绿色。头顶钝圆，顶端有一个小黑点，黑点外围有一白色晕圈，故名桃一点叶蝉。前翅淡绿色半透明，翅脉黄绿色；后翅无色透明，翅脉淡黑色。老龄若虫体长2.4～2.7毫米，全身绿色，复眼紫黑色，翅芽绿色。以成、若虫刺吸汁液危害花萼、花瓣和叶片，多在叶片背面取食，被害叶片出现失绿的白色斑点，严重时全树叶片呈苍白色。1年发生几代，以成虫在落叶、杂草、石缝、树皮缝和桃园附近的常绿树上越冬。翌年3月上旬桃树现蕾萌芽时开始迁到

桃树上危害，并在叶片的主脉内产卵。7～9 月桃树上的虫口密度最高，危害最严重。

(2)防治方法：

①果树落叶后，彻底清扫杂草、落叶，集中深埋或烧毁，消灭越冬虫源。

②必须抓住两个关键时期树上喷药防治，即谢花后新梢展叶生长期、5 月下旬若虫孵化盛期，药剂可选用 10%吡虫啉可湿性粉剂 4 000 倍液、3%啶虫脒乳油 2 000 倍液、2.5%溴氰菊酯乳油 2 500 倍液、20%灭扫利乳油 2 000 倍液。前期可结合防治蚜虫兼治，后期可结合防治卷叶蛾和食心虫兼治。

160. 桃树枝干上的白色介壳虫(树虱子)如何防治?

(1)这种白色介壳虫主要是桑白蚧，又名桑白盾蚧、桑介壳虫、桃介壳虫，主要危害桃、李、杏、樱桃等核果类果树。雌成虫橙黄色或淡黄色，呈宽卵圆形，覆盖有灰白色的圆形介壳，背面隆起。以幼虫和雌成虫聚集在枝条上刺吸危害，2～3 年生的枝条受害最重，严重时整个枝条被虫体覆盖起来，远望枝条呈灰白色。

(2)防治方法：

①冬季用硬丝刷刮除枝条上的越冬虫体。

②早春桃树发芽前用机油乳剂 50 倍液、40%杀扑磷乳油 1 000 倍液喷洒枝干。

③在各代卵孵化盛期即若虫分散期，树上喷施 2.5%高效氯氰菊酯 1 500 倍液，或 5%吡虫啉乳油 3 000 倍液，

或3%啶虫脒乳油2 000倍液，重点喷洒枝干。还可以在防治蚜虫和叶蝉时仔细喷洒枝干，兼治介壳虫。

161. 如何防治桃树枝干上的红褐色半球形介壳虫？

在桃树上危害的红褐色半球形介壳虫主要是桃球蚧，又名朝鲜球蜡蚧、桃球坚蚧，主要危害桃、杏、李、樱桃等果树的枝干。雌成虫半球形，介壳红褐色至黑褐色，表面有皱状小点。1年发生1代，以2龄若虫在小枝条上覆盖于蜡层下越冬。桃树萌芽时开始活动，爬到枝条上刺吸危害。5月上旬成虫产卵于介壳下，经10天左右卵孵化。6月上旬初孵若虫从母体介壳中爬出，分散到枝条上危害，此时是喷药防治的关键时期，防治方法同桑白蚧。

162. 钻蛀危害桃树枝干的红颈天牛如何防治？

(1)桃红颈天牛主要危害桃、杏、李、梅、樱桃等，是核果类果树枝干的主要害虫。成虫体长26～37毫米，体黑色，有光泽，前胸背面红色，两侧缘各有1个刺状突起，背面有4个瘤突，触角丝状，蓝紫色。老熟幼虫体长40～50毫米，乳白色至黄白色。以幼虫蛀食枝干，破坏大量皮层和木质部，自虫孔排出大量红褐色木屑状粪便。

(2)防治方法：

①6月下旬至7月初为成虫发生高峰期，利用中午在田间捕杀树上的成虫。成虫产卵前，在主干基部涂涂白剂(生石灰10份、硫磺1份、食盐0.2份、动物油0.2份、水

40 份),防止成虫产卵。

②于成虫出现高峰期(约 6 月下旬)后一星期开始,用 40%毒死蜱乳油 800 倍液喷树干,10 天后再喷一次,毒杀初孵幼虫。

③果树生长季节,于田间查找新虫孔,用铁丝钩杀蛀孔内的幼虫。对于蛀孔内较深的幼虫,可将磷化铝毒签塞入蛀孔内,或者用注射器向孔内注入 80%敌敌畏乳油 10 倍液,并用黄泥封闭蛀孔口。或用昆虫病原线虫液灌注蛀孔,使线虫寄生天牛幼虫。

163. 危害桃树的毛虫如何防治?

危害桃树的毛虫主要有舟形毛虫、金毛虫、桃剑纹夜蛾,它们均以长有长毛的幼虫取食桃树叶片,也能危害苹果、梨、杏、李、樱桃等果树。发生特点和防治方法参见苹果害虫部分的毛虫。由于这些毛虫发生代数少,一般抗药能力差,喷洒菊酯类、有机磷类、灭幼脲类杀虫剂即可防治。

164. 杏树日烧病如何防治?

(1)症状:日烧又称为日灼,是由于太阳照射而引起的生理性病害。在我国各地杏栽培区均有发生,其中北方干寒地带的果园在干旱的年份发生更多。日烧因发生的时期不同,有冬春日烧和夏秋日烧两种。多发生在主干和大枝的阳面,树皮病部变褐腐烂,后期凹陷干缩。

(2)防治方法：

①农业防治。注意树冠管理，多留辅养枝，避免枝干光秃裸露。大伤口要及时涂保护剂，生长季节防止干旱，越冬前干旱地区要灌冻水。

②药剂防治。树干涂白可以反射阳光，避免树皮温度剧变，对减轻日烧和冻害有明显作用。此外，树干缚草、涂泥及培土等也有明显的作用。

165. 杏叶红肿如何防治？

(1)症状：杏叶红肿是由杏疔病引起的，杏疔病主要危害新梢、叶片，也可侵染花和果实。新梢染病后生长缓慢，节间短而粗，叶片簇生。病梢表皮初为暗红色，后变为黄绿色，其上生有黄褐色突起的小粒点，即为病菌的分生孢子器。叶片先从叶柄开始变黄，沿叶脉向叶片扩展，最后全叶变黄；叶肉增厚，比正常叶厚4～5倍，呈硬革质状，病叶正反两面布满褐色小粒点，为病菌的分生孢子器。6～7月病叶变成红褐色，向下卷曲，遇雨或空气潮湿时，从分生孢子器中涌出橘红色黏液，内含大量分生孢子，干燥后常黏附在叶片上。此时叶柄基部肿胀，短而粗，两个小托叶上也有小粒点，可涌出红色黏液。后期病叶逐渐干枯成黑色，质脆易碎，叶背散生小黑点，为病菌的子囊壳。冬季，病叶成簇残留在枝上，不易脱落。由于新梢逐年受害、枯死，树冠不易扩大，不但影响产量，也影响树的寿命。花被侵染后花萼肥厚，花蕾增大，不易开放，花萼和花瓣不易脱落。果实染病后生长停滞，果面上有淡黄色病斑，其上散生红褐色小粒点，后期干缩脱落或挂在枝上。

(2)发生规律：病菌在病叶内越冬，春季从子囊壳中弹射出子囊孢子随气流传播到幼芽上，条件适宜时萌发侵入。一般于5月上旬开始发病，当新梢生长到16毫米左右时即出现明显症状，到10月病叶变黑，并在叶背形成子囊壳。

(3)防治方法：

①人工防治。因为病菌一年侵染杏树一次，所以从发芽前至发病初期彻底剪除病梢、病芽、病叶，清除地面上的病叶、病果，集中深埋或烧毁，可收到良好的防治效果。

②药剂防治。从杏树展叶期开始，每10～14天树上喷洒一次70%甲基托布津可湿性粉剂700倍液，或50%多菌灵可湿性粉剂600倍液，或70%代森锰锌可湿性粉剂700倍液。

166. 杏果上的褐腐病如何防治?

(1)症状：杏褐腐病主要危害果实，也可侵害花和叶片。果实从幼果期到成熟期均可染病，而近成熟期发病较多。发病初期果面出现褐色圆形病斑，稍凹陷，病斑扩展迅速，变软腐烂；后期病斑表面产生黄褐色绒状颗粒，呈轮纹状排列，即为病菌的分生孢子器，病果多提前脱落，少数挂在树上成为僵果。花受害后变褐萎蔫，表面生有灰霉。叶片染病形成大型暗绿色病斑，呈水浸状腐烂。

(2)发病规律：花期低温多雨有利于病菌分生孢子大量形成和侵入，容易引起花腐和叶腐。果实成熟期温暖多

雨，且伤口较多时，易发生大量果实腐烂。

(3)防治方法：

①农业防治。适时夏剪，改善园内的通风透光条件。雨季及时排除园内的积水，以降低桃园湿度。

②清洁果园。结合冬剪对树上的僵果进行一次彻底清除，春季清扫干净地面上的落叶、落果，集中烧毁。生长季节随时清理树上、树下的僵果，以消灭菌源。

③药剂防治。发芽前(芽萌动前)，全树均匀喷洒4～5波美度石硫合剂，或1∶1∶100的波尔多液，铲除在枝条上越冬的病菌。从幼果脱萼开始，每隔10～14天喷洒一次50%多菌灵可湿性粉剂600倍液，或70%甲基托布津可湿性粉剂600～800倍液，或65%代森锌可湿性粉剂500倍液，或70%代森锰锌可湿性粉剂700倍液，或75%百菌清可湿性粉剂500～600倍液，或50%异菌脲可湿性粉剂1 500倍液，或50%速克灵可湿性粉剂1 500倍液。上述药剂应交替使用，避免产生抗药性。

167. 杏叶上有许多小孔如何防治?

(1)症状：这是由细菌性穿孔病危害造成的，该病主要危害叶片，也危害果实和枝梢。除杏外，还侵害桃、李、樱桃等多种核果类果树。叶片受害，病斑初期为水浸状小点，以后扩大成圆形或不规则形病斑，约2毫米，周围似水浸状，略带有黄绿色晕环。空气湿润时，病斑背面有黄色菌脓。最后病健组织交界处出现一圈裂纹，病死组织脱落形成穿孔。果实发病，病斑黑褐色，边缘水浸状。空气潮湿时，病斑上出现黄色菌脓。后期病疤干缩，边缘与健康组织交界处开裂翘起。

（2）发病规律：病菌通过风雨或昆虫传播，由叶片的气孔、枝条或果实的皮孔侵入内部组织。树势衰弱、通风透光不良、偏施氮肥的果园发病较重。

（3）防治方法：

①农业防治。多施有机肥，避免偏施氮肥，使果树枝条生长健壮，增强抗病力。合理修剪，使果园通风透光良好，以降低果园湿度。避免桃、李、杏等果树混栽在一起，否则易造成病菌互相传染，给病害防治增加困难。结合冬季修剪，剪除树上的病枯枝。

②药剂防治。发芽前，全树均匀喷洒4～5波美度石硫合剂，铲除在枝条溃疡部越冬的菌原。生长季节，从小杏脱萼开始，每隔10天喷一次硫酸锌石灰液（硫酸锌1份、石灰4份、水240份），或65％代森锌可湿性粉剂500倍液。

168. 杏叶环斑病怎么防治？

（1）症状：杏叶环斑病主要侵染叶片，造成大量落叶，在保护地栽培的条件下或多雨的年份发病较为严重。病斑初为深褐色小斑点，以后随病斑的扩展逐渐变为浅褐色，最后变为灰白色。病斑圆形，多不脱落。

（2）发病规律：多雨或潮湿的环境条件有利于病菌传播和侵入，尤其夏季降雨多的年份，或地势低洼、枝条郁闭的果园，果实采摘后放松了药剂防治，发病较重。

(3)防治方法：

①农业防治。适时疏枝修剪，使果园通风透光良好，以降低果园湿度，减轻病害的发生。清扫落叶，集中烧毁或深埋，减少病菌来源。

②药剂防治。芽萌动前，全树均匀喷洒3～5波美度石硫合剂，以铲除越冬菌源。谢花后开始，每隔10～14天喷一次杀菌剂，直到采收。谢花后喷施的药剂可选用50%多菌灵可湿性粉剂600倍液、70%甲基托布津可湿性粉剂700倍液、65%代森锰锌可湿性粉剂500倍液、75%百菌清可湿性粉剂600倍液。

169. 李褐腐病如何防治?

李褐腐病危害果、花、叶、枝梢，其中近成熟的果实发病较重，在多雨潮湿的年份常流行成灾，引起大量烂果。病菌除危害李外，还危害桃、杏、樱桃等。果实自幼果至成熟期都可受害，果实越接近成熟期，受害越严重。发病症状与防治方法参照桃和杏褐腐病。

170. 李穿孔性叶点病如何防治?

(1)症状：李穿孔性叶点病发生普遍，既可侵染叶片，也可侵染果实，除侵染李外，还可侵染桃、杏、梅、樱桃等核果类果树。侵染叶片，病斑多为圆形，先为褐色，后为灰褐色，大小为2～6毫米，常脱落。侵害果实，多产生淡褐色圆形斑点，扩展不大。后期病斑散生许多小黑点，即为病原菌的分生孢子器。

(2)发病规律:多雨或潮湿的环境条件有利于病菌传播和侵入,尤其是夏季降雨多的年份,地势低洼、枝条郁闭的果园,果实采摘后放松了药剂防治的果园发病较重。

(3)防治方法:

①农业防治。适时疏枝修剪,使果园通风透光良好,以降低果园湿度,减轻病害的发生。

②人工防治。清扫落叶,集中烧毁或深埋,减少病菌来源。

③药剂防治。芽萌动前,全树均匀喷洒3～5波美度石硫合剂或40%福美胂可湿性粉剂100倍液,以铲除越冬菌源。谢花后开始,每隔10～14天喷一次杀菌剂,直到采收。谢花后喷施的药剂可选用50%多菌灵可湿性粉剂600倍液、70%甲基托布津可湿性粉剂700倍液、65%代森锰锌可湿性粉剂500倍液、75%百菌清可湿性粉剂600倍液。

171. 如何防治杏李炭疽病?

(1)症状:炭疽病主要危害果实,也能侵染叶片和新梢。多雨的年份和潮湿的环境常造成严重烂果、叶枯和枝条溃疡。果实膨大期染病,病斑初期淡褐色水浸状,随着果实膨大,病斑也随之扩大,呈红褐色。病斑圆形或椭圆形,并显著凹陷,上面长出许多小黑点,呈同心轮纹状排列。天气潮湿时病斑上分泌出橘红色小粒点,为病菌的分生孢子团。新梢被害后,出现暗褐色略凹陷长椭圆形的病斑,上面也长出呈同心轮纹状排列的小黑点。叶片感病,

初为红褐色病斑，以后逐渐变为灰褐色。随病斑扩大，叶片焦枯，枯斑上散生呈同心轮纹状排列的小黑点。在管理粗放、留枝过密、地势低洼、高湿、排水不良、树势衰弱的果园发病严重。

(2)防治方法：

①农业防治。加强果园管理，增施磷、钾肥，提高树体的抗病力。

②人工防治。结合冬季修剪，彻底清除树上的枯枝、僵果和地面落果，集中烧毁，以消灭越冬病菌，减少侵染来源。在芽萌动至开花前后要反复剪除陆续出现的病枯枝，并及时剪除以后出现的病梢及病果，集中烧毁，防止病部产生孢子进行再次侵染。

③药剂防治。芽萌动期，全树均匀喷洒 1∶1∶100 的波尔多液或 3～5 波美度石硫合剂。谢花后开始，每隔 10～14 天喷一次杀菌剂，药剂可选用 70％甲基托布津可湿性粉剂 700 倍液、50％多菌灵可湿性粉剂 600 倍液、75％百菌清可湿性粉剂 500 倍液、50％咪鲜胺乳油 500 倍液。

172. 如何防治杏树蚜虫？

危害杏树的蚜虫主要是苹果黄蚜(杏蚜)和杏粉蚜(桃粉大尾蚜)，主要危害杏树幼叶和嫩梢，影响新梢生长和诱发煤污病。其防治方法同桃树蚜虫防治。

173. 如何防治危害杏仁的杏仁蜂？

(1)杏仁蜂是专门危害杏仁的害虫，以幼虫取食幼果内的果仁，常将杏仁蛀食一空，造成大量落果和僵果，严重减少鲜杏和杏仁的产量。杏树品种不同，被害情况也不同，大黄接杏、白梅杏和山黄杏受害最重，而白杏和李光杏受害较轻，山杏受害最轻，一般早熟品种较晚熟品种受害重。杏仁峰 1 年发生 1 代，以幼虫在落地的杏核内或挂在枝条上的僵杏内越冬，也在留种的杏核内越冬。越冬幼虫于 3 月中旬开始化蛹，成虫于 4 月羽化，产卵在幼嫩的杏果核部位。5 月出现幼虫，幼虫期长达 10 个月之久，均在杏核内越夏、越冬，给人工防治创造了极有利的条件。

(2)防治方法：

①结合冬季修剪去除树上的僵果。彻底清扫树下的杏核，集中起来烧毁。

②成虫发生期，园内悬挂黄色黏虫板诱杀成虫。树上连续喷洒 2～3 次杀虫剂，药剂选用 2.5%敌杀死乳油或 2.5%功夫乳油 2 000～3 000 倍液，可兼治蚜虫、叶蝉、介壳虫、卷叶虫、毛虫等。

174. 杏虎象(杏象甲)危害杏果如何防治?

(1)杏虎象又叫杏象鼻虫，可危害杏、李、桃、樱桃等，是我国北方核果类果树的主要害虫之一。成虫体长 4.9～6.8 毫米，宽 2.3～3.4 毫米，椭圆形，红色，有金属光泽，并有绿色反光，头部密布大小不等的刻点和长短不齐的茸毛，喙长等于头、胸之和。以成虫危害花蕾、花、嫩叶和幼果，危害花蕾时，成虫将喙管伸入花蕾内取食，将花蕾食成孔洞，甚至全部食空，不能开花。成虫在花期食害子房，造

成大量落花。取食叶片时，被害叶出现许多孔洞。危害幼果时，将喙管伸入果内取食果肉，果实表面出现多个孔洞。最大的危害是雌虫在幼果上取食和产卵，造成幼果脱落。1年发生1代，以成虫在距地表5～10厘米深的蛹室中越冬，春季平均气温达10℃左右时，越冬成虫开始出土。成虫白天活动，中午前后活动最厉害，有假死性。成虫在杏果花生米大小时产卵，卵多产在完好的果实内。成虫产卵时先在果实上咬1个产卵孔，再调头将卵产在孔内，然后回头将喙伸入孔内，分泌黏液或咬碎果肉封口。卵椭圆形，乳白色。幼虫孵化后在落果内取食果肉和果仁，经20～30天后脱果，并很快入土做蛹室化蛹。

(2)防治方法：

①杏虎象成虫有假死性，在清晨露水未干时摇动树枝，树枝下用布单或塑料薄膜盛接，成虫受惊后即坠落，落后集中杀死，争取在交尾、产卵之前进行。

②及时捡拾落果和摘除树上的蛀果，可消灭尚未脱果的幼虫。

③成虫盛发期，树上喷洒40%毒死蜱乳油1 000倍液或2.5%敌杀死乳油2 000倍液，连续喷洒2次。

175. 如何防治在李果内危害的李实蜂？

(1)李实蜂又名李叶蜂，是危害李果的主要害虫。该虫以幼虫蛀食幼果，受害果实的果核和果肉多被食空，且堆满虫粪，果实很小便停止生长、脱落。该虫1年发生1代，主要以老熟幼虫在10厘米深的土层中结茧越冬。成虫羽化出土后将卵产在花托和花萼的组织内。幼虫孵化后爬入子房，1 头幼虫只危害 1 个果，老熟后在果实的中下部咬一圆孔脱落，坠落于地面，钻入土内。也有的随被害果脱落，幼虫再脱果入土。

(2)防治方法：

①及时捡拾落果，集中处理，以消灭果内的幼虫。结合冬耕深翻园土，促使越冬幼虫死亡。

②成虫出土前，可于树下覆盖薄膜，防止李实蜂出土上树。

③在幼虫脱果期，于地面喷洒昆虫病原线虫泰山 1 号，生物防治土壤内的幼虫。

④开花前 3～4 天，即当花蕾由青转白时，是杀灭成虫以及防止成虫产卵的最佳时期；花基本落完时，是喷药杀灭李实蜂幼虫及防止幼虫蛀果的最佳时期。两个时期各喷洒一次杀虫剂，药剂可选用 2.5%功夫菊酯乳油 3 000 倍液，或 10%氯氰菊酯乳油 3 000 倍液，或 48%乐斯苯乳油 1 000 倍液，或 2.5%敌杀死 4 000 倍液等，重点喷花朵。

176. 李子花期遭受黑绒金龟子危害怎么办?

(1)发病规律：黑绒金龟子俗称黑豆虫、老鸹虫，危害李、苹果、梨、桃、杏、枣、樱桃、山楂及榆、杨等树种。以成虫食害嫩芽、新叶及花朵，尤其嗜食幼嫩的叶芽，且群集暴食，幼树受害最重，也可危害果实。1 年发生 1 代，以成虫在土中越冬。翌年 3 月下旬成虫出土活动，危害盛期为 4 月上旬到 5 月中旬，5 月上旬为产卵时期，5 月中旬开始

出现新一代幼虫。幼虫多取食植物的幼根,8月上旬到9月上旬3龄老熟幼虫迁入土下20～30厘米处做土室化蛹,蛹期约10天,羽化出来的成虫则不再出土而进入越冬状态。

(2)防治方法:

①清除果园及四周的杂草,施用充分腐熟的肥料。傍晚成虫出土上树危害时,人工捕杀树上的成虫,或用杀虫灯诱杀成虫。

②幼虫发生期,土壤浇灌昆虫病原线虫或白僵菌液,使其侵染幼虫致病死亡。

③危害严重的果园,在开花期可以对树冠下的土壤进行药剂处理。一般选用5%辛硫磷颗粒剂,每亩3千克,均匀撒在树冠下;也可用40.7%毒死蜱乳油500倍液喷洒树下土壤表面,然后耙松土表,同时树上喷洒10%蚍虫啉可湿性粉剂4 000倍液。